MUSÉE RÉTROSPECTIF

DE LA CLASSE 65

Applications usuelles du Métal.
Matériel. — Procédés et Produits de la Petite Métallurgie

MUSÉE RÉTROSPECTIF

DE LA CLASSE 65

Applications usuelles du Métal.
Matériel. — Procédés et Produits de la Petite Métallurgie.

A L'EXPOSITION UNIVERSELLE INTERNATIONALE

DE 1900, A PARIS

RAPPORT

présenté au nom du Comité d'installation

Par M. Pierre LARIVIÈRE

INGÉNIEUR CIVIL DES MINES

avec la collaboration

DE MM. H. D'ALLEMAGNE, L. MAGNE, J. DOMERGUE

Exposition universelle internationale de 1900

SECTION FRANÇAISE

Commissaire général de l'Exposition :

M. Alfred PICARD

Directeur général adjoint de l'Exploitation, chargé de la Section française :

M. Stéphane DERVILLÉ

Délégué au service général de la Section française :

M. Albert BLONDEL

Délégué au service spécial des Musées centennaux :

M. François CARNOT

Architecte des Musées centennaux :

M. Jacques HERMANT

COMITÉ D'INSTALLATION DE LA CLASSE 65

Bureau.

Président : M. Pinard Alphonse , ✳. maître de forges, président du Syndicat général des Fondeurs en fer de France, président de l'Alliance syndicale du Commerce et de l'Industrie.

Vice-Président : M. Dufraine Armand , O. ✳. constructeur Maison Dufrène, Jacquemet et Mesmet , membre de la Chambre de Commerce de Paris.

Rapporteur : M. Gérard Albert , administrateur délégué des Boulonneries de Bogny-Braux.

Secrétaire : M. Cazaubon Alfred , ✳. ancien ingénieur des Ponts et Chaussées, fabricant de robinets Maison Cazaubon et fils .

Trésorier : M. Ginoret Émile , fabricant d'appareils de bains, de chauffage et d'hydro-thérapie, président de la Chambre syndicale de la Chaudronnerie.

Membres.

MM. Boas Alfred , ✳. ingénieur des Arts et Manufactures, fabricant d'ustensiles de ménage, lanternes, etc. Maison Boas, Rodrigues et Cⁱᵉ .

Fontaine Henri , ✳. fabricant de quincaillerie Maison Fontaine frères et Vaillant .

Guénot Charles , ✳. ingénieur civil des mines, fabricant de coffres-forts Maison Charlier, Guénot et Cⁱᵉ, ancienne maison Fichet .

Petitjean Eugène , fabricant d'articles de ménage et d'hydrothérapie, président de la Chambre syndicale des fabricants de lampes, lanternes et ferblanterie.

Pluchon Édouard , ✳. fondeur de fer et d'acier, président honoraire de la Chambre syndicale des mécaniciens, chaudronniers et fondeurs de Paris.

Rolland Georges , O. ✳. ingénieur en chef des mines, administrateur délégué de la Société métallurgique de Gorcy, vice-président des Aciéries de Longwy.

Thomas Georges , ✳. ingénieur des Arts et Manufactures, constructeur Maison Barbot et Thomas , juge au Tribunal de Commerce de la Seine.

COMMISSION DU MUSÉE RÉTROSPECTIF

MM. Chaumette Arthur , président de la Chambre syndicale de la Poterie d'étain.

Delaunay Alfred , président de la Chambre syndicale du Commerce et de la fabrica-tion de la Quincaillerie de Paris.

Vinatié Pierre , fabricant de boîtes métalliques.

Larivière Pierre , ✳. ingénieur civil des mines, de la Société de la Commission des ardoisières d'Angers G. Larivière et Cⁱᵉ , organisateur et rapporteur du Musée rétrospectif.

ATELIER DE SERRURIER AU XVIIIᵉ SIÈCLE 1

INTRODUCTION

La classification annexée au décret du 4 août 1894 portant règlement général de l'Exposition universelle internationale de 1900 attribuait à la Classe 65 l'ensemble du matériel, des procédés et des produits de la petite métallurgie : fer, cuivre, bronze, laiton, plomb, étain et zinc.

Le même décret prévoyait en outre qu'à chaque Classe serait jointe une Exposition rétrospective centennale, résumant les progrès accomplis depuis 1800 dans les diverses branches de production.

Si le programme des Expositions rétrospectives ainsi limité était d'un intérêt certain et d'une réalisation facile pour toutes les Classes comprenant des industries d'origine relativement récente, ayant subi au cours du siècle dernier des modifications profondes, il en était tout autrement pour la Classe de la Petite Métallurgie dont toutes les branches, et notamment la plus importante, celle de la Ferronnerie, remontent à une haute antiquité.

1. Gravure extraite du *Recueil des Planches sur les Sciences, les Arts libéraux et les Arts mécaniques*, Paris, MDCCLXVII.

Il eut été regrettable de ne pas profiter de cette grande manifestation pour mettre sous les yeux du public les merveilles que nous ont léguées nos artisans du Moyen Âge et de la Renaissance.

L'administration supérieure de l'Exposition voulut bien approuver cet élargissement du cadre qui nous avait été primitivement fixé, et c'est ainsi que nous avons cherché à constituer un Musée rétrospectif des applications usuelles du métal en nous attachant surtout à réunir des œuvres françaises représentant les développements successifs de l'emploi du fer, du cuivre, du plomb et de l'étain au cours des siècles passés.

Cette tâche nous a été rendue facile grâce au puissant appui que nous avons trouvé auprès de M. Stéphane Dervillé, directeur général de la Section française, au concours éclairé de M. François Carnot, délégué spécialement à l'organisation des Musées rétrospectifs, au bienveillant accueil que nous avons rencontré auprès des collectionneurs, notamment de M. Le Secq des Tournelles, qui a bien voulu mettre entièrement à notre disposition son admirable collection de ferronnerie.

Le temps limité dont nous disposions, la multiplicité des objets — trois mille six cent cinquante-quatre pièces — qui nous ont été confiés, ne nous permettant pas d'adopter, comme nous l'aurions désiré, la classification par époque, nous nous sommes attaché à réserver un emplacement spécial à chaque collection en ayant soin de réunir celles de même nature et en réservant dans chacune d'elles les pièces les plus importantes et les plus décoratives, pour les grouper de manière à obtenir un ensemble artistique signalant le Musée à l'attention du public. (Voir planches I, II, III, IV.)

Cinquante-deux collectionneurs ont bien voulu prêter leur concours à l'Exposition rétrospective de la Petite Métallurgie.

Ce sont, pour la ferronnerie et la fonte :

M. Le Secq des Tournelles. 997 pièces.

MM. D'ALLEMAGNE (H.).	34	pièces.	MM. DOISTAU.	8	pièces.
MOREUX (A.).	265	—	GÉRARD.	2	—
BERNARD (F.).	70	—	FLORY-RAYNAUD.	39	—
ROUSSEL (G.).	23	—	TORRI (F.).	1	—
SERRURIERS DU DEVOIR DE			COURVOISIER (E.).	1	—
MARSEILLE.	1	—	KLEIN.	133	—
CARNOT (F.).	4	—	BRÉVANS (DE).	1	—
GILLIS.	1	—	BERNARD (G.).	8	—
MOREAU (F.).	56	—	PICHON ET GLADEL.	33	—
ANSELME.	1	—	ALLIX (D.).	5	—
FORGERON.	5	—	GOUNELLE (L'ABBÉ).	21	—
HEILBRONNER.	148	—	LACOSTE.	34	—
MOREAU (H.).	10	—	DUVAL-FOULC.	4	—
DÉCHARD.	14		SAVIGNY DE MONCORPS.	1	—
ROUX.	1	—			

Pour le cuivre, le bronze, la dinanderie :

M. ALLIN (Dr E.)   25 pièces.

MM.	pièces	MM.	pièces
GOUNELLE (L'ABBÉ).	36 pièces.	COLLIN-DELAVAUD.	1 pièce
MALDANT.	1 —	GENNES-OBEL ET MATHIOT.	6 —
DOMERGUE.	785 —	D'ALLEMAGNE (H.).	23 —
LIPPMANN (M.).	437	HEILBRONNER.	6 —
GUÉRIN.	96 —		
STEGHENS.	1 —	DUVAL (G.).	3 ...

Pour les étains et le plomb .

M. ALLIN (Dr E.)   52 pièces.

MM.	pièces	MM.	pièces
CHERRIER.	11 pièces.	STORNO.	34 pièces.
BARDAC (SIGIS.).	5	FOUINAT.	7 —
GOUNELLE (L'ABBÉ).	13	RITLENG.	14 —
ST. DERVILLE.	3 —	MATHIOT.	50 —
DRAPÉ.	1 —	CARNOT (Fr.).	7 —
CHAUMETTE.	24 —	HEILBRONNER.	5 —

Pour les objets divers :

M. CARNOT.   4 pièces.

MM.	pièces	MM.	pièces
JOUANEST.	2 pièces.	BONIN.	3 pièces.
LARIVIÈRE.	6 —	GROULT (C.).	12 —

Le Musée rétrospectif du Métal, bien qu'il partageât le sort de la majeure partie de la Classe 65, à laquelle il appartenait, et fût situé au premier étage du Palais des Mines et de la Métallurgie, a reçu de nombreux visiteurs.

Le mérite de ce succès revient surtout aux collectionneurs, qui n'ont pas hésité à se séparer des précieux bibelots qui constituaient l'ornementation de leurs demeures pour faire profiter le public de leur vue et de l'enseignement artistique qui s'en dégageait.

Nous sommes heureux de pouvoir leur adresser ici à nouveau tous nos remerciements pour leur précieux concours et la bienveillance qu'ils n'ont cessé de nous témoigner.

Mentionnons une critique qui nous a été adressée et qui de prime abord semble fondée : nous voulons parler du caractère trop artistique donné au Musée rétrospectif du Métal dans un milieu exclusivement industriel. Ce reproche — s'il en peut être un — s'applique à la plupart des expositions de ce genre, et il suffirait, s'il en était besoin, à justifier leur innovation et leur utilité dans une Exposition universelle.

Notre pays a été, en effet, de tout temps, renommé a juste titre pour la pureté de son goût dans ses œuvres industrielles. Seul, le caractère remarquable d'une œuvre exécutée avec une matière première presque sans valeur justifie sa conservation à travers les siècles, et l'impression que laisse au visiteur la vue d'un musée ainsi constitué ne peut être qu'une impression d'art contribuant à l'éducation de son goût, aussi utile au petit nombre capable d'augmenter par leurs œuvres le patrimoine artistique de leurs pays, qu'au grand public qu'il rend apte à reconnaître et à encourager le véritable talent.

Il eût été regrettable de laisser disperser tant de précieux éléments pour l'histoire des applications du métal sans en fixer le souvenir par une publication et en tirer un enseignement utile.

Le Comité de la Classe 65 l'a ainsi compris, et il a chargé l'organisateur du Musée de publier aux frais de la Classe un rapport avec de nombreuses illustrations reproduisant les pièces exposées les plus importantes.

Cette tâche lui a été rendue facile grâce à la collaboration de l'éminent professeur à l'École des Beaux-Arts, M. Magne, qui a bien voulu écrire pour nos lecteurs une notice sur les applications du bronze aux objets usuels, et de deux collectionneurs bien connus, M. Henry D'Allemagne, bibliothécaire à l'Arsenal, et M. Domergue, le distingué directeur de la *Réforme économique*, qui nous ont remis deux intéressantes notices, le premier sur l'histoire de la Serrurerie, dont il a fait une magnifique étude que nous espérons lui voir publier un jour, le second sur la fabrication, les usages et l'ornementation des cloches, clochettes et sonnettes au cours des siècles passés.

Nous leur renouvelons ici tous nos remerciements au nom du Comité de la Classe 65 et en notre nom personnel.

CADENAS A LETTRES LOUIS XVI

MODÈLE DE BALCON EXÉCUTÉ PAR JEAN LAMOUR
SERRURIER DU ROI STANISLAS, A NANCY. XVIIIᵉ SIÈCLE

LA SERRURERIE

La France a toujours été renommée pour la pureté du goût qui caractérise toutes ses œuvres industrielles; mais notre pays ne s'est pas confiné, comme on le lui reprochait autrefois, dans la production des objets de grand luxe et, pour dire le mot, des futilités qui ne sont considérées que comme les accessoires de la vie. Le génie français a su imprimer, même aux œuvres d'utilité, son cachet de

MODÈLE DE BALUSTRADE
COMPOSÉ PAR JACQUES VALENTIN FONTAINE, SERRURIER DU ROI AUX GOBELINS, XVIIᵉ SIÈCLE

robuste élégance qu'aucune nation de l'Europe n'a jamais osé lui contester : les œuvres d'art sorties des mains des ferronniers français sont incomparablement plus belles que les productions analogues qui ont été créées tant en Allemagne qu'en Espagne ou en Italie, et nos artisans ont su obtenir un effet décoratif supérieur avec des moyens plus simples; ils sont ainsi arrivés à la production à bon marché, qui est la solution d'un des problèmes économiques les plus importants.

HISTOIRE DE LA CORPORATION DES SERRURIERS

De même que tous les autres corps de métiers, les serruriers s'étaient, de bonne heure, formés en corporation et il est intéressant de dire quelques mots sur cette institution dont tout le monde parle, mais que bien peu de personnes connaissent et savent apprécier à sa juste valeur.

L'ATELIER D'UN FORGERON AU XVI° SIÈCLE
D'APRÈS UNE ANCIENNE GRAVURE SUR BOIS

On a beaucoup disserté sur l'origine même des corporations en général ; quelques auteurs estiment qu'elles descendent directement des collèges d'artisans de l'Empire romain. Il est bien plus vraisemblable d'admettre qu'elles ont pris naissance dans la *Familia* des seigneurs laïques, comprenant à l'origine des ouvriers habiles dans les métiers les plus utiles à la vie. Ces travailleurs, d'abord *serfs*, ont, dans la suite, acquis leur liberté, mais ils ont conservé l'esprit de solidarité qui les avait unis tout d'abord et c'est évidemment ainsi que se sont formées les premières corporations.

C'est au neuvième siècle, dans l'enceinte des grands monastères, qu'on rencontre pour la première fois une réunion d'ouvriers travaillant le fer. Le plan de Saint-Gall, qui remonte au temps de Charlemagne, marque l'emplacement des ateliers destinés aux forgerons. La légende porte : *fabri ferramentorum*, et cette rubrique semble indiquer que les locaux étaient spécialement affectés à des ouvriers spéciaux désignés sous le nom de *grefiers*, et dont la spécialité était de forger des ferrures de porte et en général toutes sortes de fermetures en fer.

À la même époque, dans la ville de Saint-Riquier, il existait une rue spécialement affectée aux ouvriers travaillant le fer ; ces derniers s'étaient placés sous la protection de l'abbaye et devaient lui fournir tous les ferrements nécessaires à l'entretien de ses bâtiments.

Le premier document où nous trouvions des renseignements certains sur la corporation des serruriers est ce précieux recueil connu sous le nom de : *Livre des métiers*, d'Étienne Boileau; c'est dans ce registre que le prévôt des marchands de Paris fit, en 1258, consigner et rédiger d'une manière à peu près uniforme tous les règlements régissant les divers métiers s'exerçant alors à Paris.

Les statuts des serruriers forment le titre 17 de ce registre et il

TÊTE DE CHRIST, EXÉCUTÉE AU REPOUSSÉ
TRAVAIL FRANÇAIS DE LA FIN DU XVIIe SIÈCLE
COLLECTION DE M. LE Scq DES TOURNELLES

est ainsi intitulé : *Des serruriers de Paris et de l'ordenance de leur mestier*. Ce règlement ne contient que neuf articles parfaitement clairs dans leur concision et relatifs à la manière dont on pouvait acquérir le métier, et aux autres charges incombant à ceux qui avaient l'honneur de faire partie de la corporation.

Les statuts de la corporation des serruriers subirent une transformation profonde en 1392, et la modification la plus importante qui caractérise le règlement du 21 mars de cette année consiste dans l'institution des chefs-d'œuvre qui jusque-là n'avaient pas été réglementés d'une manière bien stricte.

En 1398, nous rencontrons un nouveau remaniement des statuts des serruriers; ces changements ont lieu à l'instigation de *Jehan*

MOTIF CENTRAL D'UN BALCON
DU XVIIe SIÈCLE. (FER FORGÉ).

de Folleville, commissaire général réformateur donné et député de par le Roy sur le fait de la police et gouvernement de la ville et mestiers de Paris.

En l'année 1411, un nouveau règlement déclare que les serruriers ne doivent rien des choses qu'ils vendent ni achètent appartenant à leur métier. En mai 1543, nous

SERRURE EXÉCUTÉE COMME ÉPREUVE DE CHEF D'ŒUVRE AU XVIIIe SIÈCLE
FER DÉCOUPÉ ET AJOURÉ
COLLECTION DE M. LE SEC DES TOURNELLES

trouvons des lettres patentes de François Ier qui viennent modifier d'une façon très sensible le règlement de 1392 : le point important visé dans ces lettres patentes réside dans la fixation des droits des serruriers vis-à-vis des autres corps de métiers qui, pour leur industrie, employaient des objets fabriqués par les disciples de saint Éloi.

Un édit du mois de décembre 1581, promulgué par Henri III, érige en maîtrise et en communauté les arts et métiers existant alors ; il règle avec soin les formalités qui doivent être accomplies pour passer maître, telles que l'apprentissage et le chef-d'œuvre. Les serruriers figurent dans la troisième classe, parmi les corporations mentionnées à la fin de cet édit.

Les derniers statuts qui aient été concédés aux serruriers datent du mois de décembre 1650 ; ils sont si considérables qu'ils forment un véritable code réglementant avec de minutieux détails toutes les choses ayant trait au métier.

PLAQUE D'AUMÔNIÈRE EN FER
DÉCOUPÉ ET AJOURÉ. XVIe SIÈCLE

Ces nouveaux statuts ont une portée tout à fait officielle, et les articles 5 et 42 nous apprennent que, par la présentation matérielle du registre contenant les statuts, les jurés ont le droit de pénétrer dans les enclos privilégiés et dans les maisons particulières des maîtres du métier, afin de pouvoir se rendre compte par eux-mêmes si tous les règlements sont observés régulièrement dans leurs moindres détails.

Le grand roi, qui ne négligeait aucune occasion de ce qui pouvait être une

UN ATELIER DE GROSSE FORGE AU XIX° SIÈCLE
D'APRÈS UNE LITHOGRAPHIE DE S. BAPTISTE

ressource pour le trésor public, avait taxé à 1500 livres la somme due par la corporation des serruriers pour l'enregistrement du droit de confirmation de leurs privilèges.

Les serruriers subirent le sort de toutes les corporations, qui furent supprimées par l'édit du mois de février 1776, enregistré au Parlement le 12 mars de la même année. Cette suppression ne fut pas de longue durée, car, le 23 août 1776, le roi rétablit les communautés, mais sur des bases toutes différentes.

Enfin, en 1788, un arrêt du Conseil d'État du roi, daté du 21 juin de cette année, supprima toutes les protestations et délibérations des corps de métiers et communautés ouvrières.

...LLON DE LA CORPORATION DES SERRURIERS DE PARIS (XVe SIÈCLE)

ARMOIRIES DE LA CORPORATION DES SERRURIERS

Les armoiries des serruriers parisiens mentionnées dans l'armorial général de 1696 étaient assez compliquées :

De gueule à deux clefs, l'une d'argent, l'autre d'or, adossées et passées en sautoir et liées d'un ruban d'azur et une clef d'azur semée de fleurs de lis d'or, chargé d'une table couverte d'un tapis fleurdelisé sur laquelle il y a un sceptre et une main de justice passée en sautoir et une couronne royale, le tout d'or et ce chef soutenu d'argent, chargé de ces deux mots : *Securitas publica*, de sable.

ARMOIRIES DE LA CORPORATION DES SERRURIERS DE PARIS

Nous ne savons à quelle époque exacte les serruriers ont été dotés de ces armoiries, mais nous les voyons figurer pour la première fois en tête du recueil des *Statuts et Règlements des serruriers* de 1650.

CONFRÉRIES RELIGIEUSES

On a trop souvent confondu les mots de *confrérie* et de *communauté*; il y a là deux institutions absolument distinctes qui se juxtaposent sans se confondre. La

CARTE D'ADRESSE D'UN MAGASIN DE QUINCAILLERIE AU DÉBUT DU XIXe SIÈCLE

communauté était en quelque sorte la personnalité civile de l'ensemble des serruriers de Paris; elle se trouvait représentée par le syndic, les jurés et en général par ceux qui étaient chargés de son administration. La confrérie, au contraire, était le côté religieux de la communauté.

Les serruriers avaient le siège de leur confrérie, au dix-septième siècle, d'abord à Saint-Martial puis à Saint-Denis de la Chartre où ils possédaient une chapelle qui leur était spécialement affectée; c'est là qu'avaient lieu les cérémonies religieuses auxquelles étaient généralement soumis les membres de cette communauté d'art et métier.

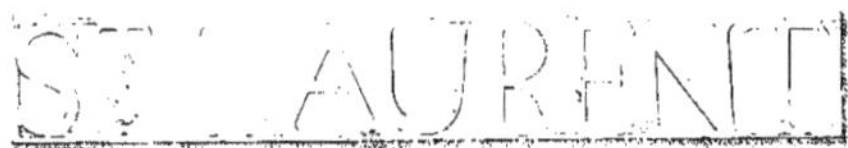

FRAGMENT DE LA GRILLE DE L'ENCLOS PRIVILÉGIÉ DE ST-LAURENT
DANS LEQUEL LA JURIDICTION DES JURÉS DE LA CORPORATION NE POUVAIT PAS S'INTRODUIRE, XVIIe SIÈCLE

DESCRIPTION DES OUVRAGES DE SERRURIERS

La multiplicité des travaux accomplis par les serruriers est infinie; dans cet art, en effet, point n'est besoin d'avoir de modèle tout préparé et de suivre servilement des modèles dont on ne peut s'écarter sous peine de déranger tout le cours de la fabrication. Le travail du fer est une œuvre essentiellement personnelle : chaque ouvrier peut façonner le métal incandescent à son idée et suivant l'inspiration du moment. Dans aucun métier la part de la personnalité n'est aussi grande, et c'est la raison pour laquelle il est à peu

ENTRÉE DE SERRURE EN FER REPOUSSÉ. XVIIᵉ SIÈCLE
COLLECTION DE M. LE SECRÉTAIRE BOURNETES

près impossible de trouver deux œuvres de ferronnerie qui soient identiques, si elles n'ont été conduites ensemble par le même artisan et en ayant soin de n'exécuter chacune des parties de son œuvre que lorsque celle qui est destinée à faire le pendant se trouve arrivée au même point de fabrication.

Parmi les travaux qui sont sortis des mains des serruriers, on peut établir deux grandes classes bien distinctes : la serrurerie fine et la serrurerie d'assemblage.

MENUS OUVRAGES DE SERRURERIE

La serrurerie fine comprend tout d'abord la fabrication des serrures proprement dites et l'établissement des clefs qui, autrefois, étaient d'une complication dont celles qui sont actuellement en usage ne nous donnent aucunement l'idée; puis les heurtoirs et marteaux de porte. Ces derniers instruments, destinés à remplacer nos modernes sonnettes, étaient un des compléments les plus indispensables que l'on retrouvait fixés à la porte des riches demeures.

TÊTE EN FER REPOUSSÉ AU MARTEAU
TRAVAIL EXÉCUTÉ EN RONDE BOSSE. FIN DU XVIIIᵉ SIÈCLE

Les menus ouvrages de serrurerie comprennent également les peintures de portes ou greffes qui servaient à suspendre les vantaux des portes et dont le but pratique était, en dehors de l'idée de décoration, la nécessité de relier entre eux les différents madriers formant l'huis d'une manière plus solide que ne pouvaient le faire les emboîtages ou les traverses de bois posés par les charpentiers.

Il convient de faire rentrer également dans cette catégorie les verrous ou targettes, les enseignes, qui étaient le plus souvent en fer forgé, les guichets de porte et enfin tous les meubles en fer qui comprennent aussi bien les accessoires du costume, tels que les fermoirs d'escarcelles, pommes de cannes, drageoirs, etc., que les objets d'une dimension plus considérable, comme les lutrins, le luminaire liturgique et les autres objets utilisés soit pour les besoins du culte, soit enfin pour les nécessités de la vie civile.

La seconde partie des travaux des serruriers doit comprendre la partie monumentale de cet art, que nous désignerons sous le nom de « serrurerie d'assemblage ».

C'est dans la fabrication des grilles que les serruriers français ont, dès le douzième siècle, montré leur supériorité et leur profonde ingéniosité à varier les motifs de décoration pour suppléer à l'imperfection des moyens mécaniques, qui les empêchaient de faire de grandes constructions métalliques dans le genre de celles que nous voyons exécuter couramment de nos jours.

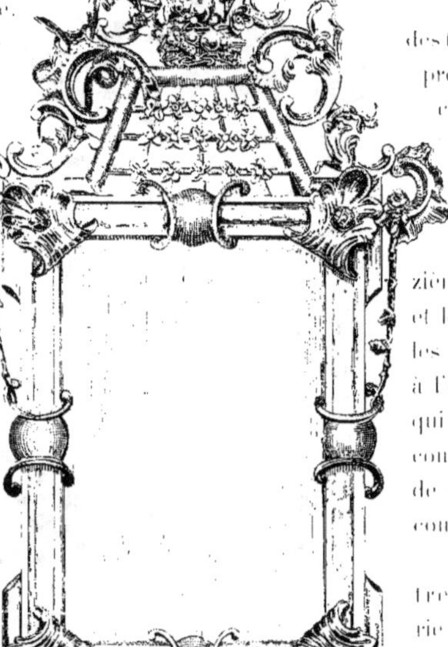

GLACE EN FER FORGÉ GARNIE D'ORNEMENTS
EN FER REPOUSSÉ. XVIIIe SIÈCLE
COLLECTION DE M. LE ... DES JOURNELLES

Les balcons rentrent forcément dans cette catégorie; toutefois, on peut dire que les grilles d'appui dénommées balcons sont d'une invention relativement récente; quoiqu'on puisse en citer un ou deux exemples du seizième siècle, ce n'est guère qu'à partir de l'époque de Louis XII, que les maisons ont été pourvues d'une manière constante de cette décoration en fer forgé.

C'est à peu près à la même époque qu'il faut placer l'introduction, dans la décoration architecturale, des rampes d'escaliers. Quelques maisons possèdent des rampes du commencement du dix-septième siècle, mais c'est surtout à partir du règne du grand roi que l'on a fait ces mains courantes de fer forgé décorées avec un soin et une habileté qui étonnent, encore aujourd'hui, ceux mêmes qui ont une pratique consommée de ce métier.

Nous allons passer en revue ces différents ouvrages, et l'exposition de la « Petite Métallurgie », qui a été organisée avec tant de soins et d'habileté par M. Larivière, nous fournira des exemples pour le plus grand nombre de ces travaux.

SERRURES

Les Romains n'ont pour ainsi dire pas connu les serrures en fer forgé ; il est même curieux de remarquer que ce peuple, qui s'était montré d'une si grande

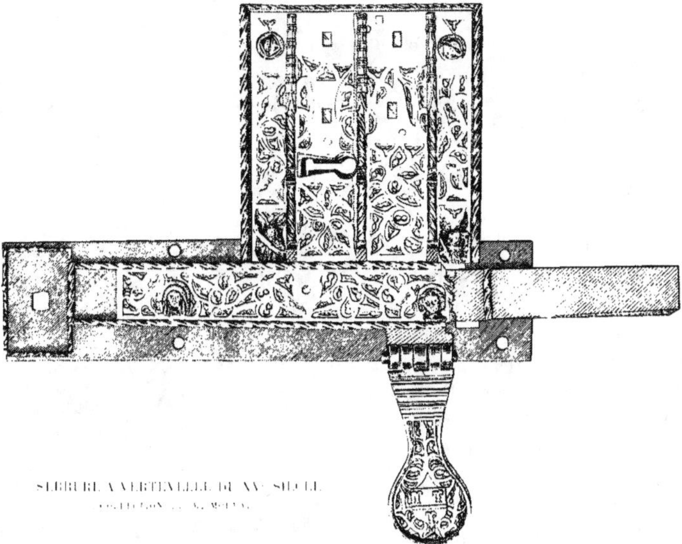

SERRURE A VERTEVELLE DU XVe SIÈCLE.
COLLECTION DE M. A. METTE.

habileté pour traiter tous les métaux et particulièrement le bronze, n'ait pour ainsi dire produit aucune œuvre remarquable en fer forgé. On trouve encore quelquefois des boîtes de forme ronde qui étaient destinées à former des serrures, toutefois celles qui sont parvenues jusqu'à nous sont en bronze, et on pourrait plutôt les faire rentrer dans la catégorie des cadenas qui ne se distinguent des serrures proprement dites que par leur mobilité.

A l'époque gallo-romaine, l'usage des serrures en bronze a dû être conservé.

mais ce genre de fermeture ne se trouvait pas représenté dans les séries exposées en 1900. Nous verrons, en étudiant les clefs, qu'il existait un certain nombre de

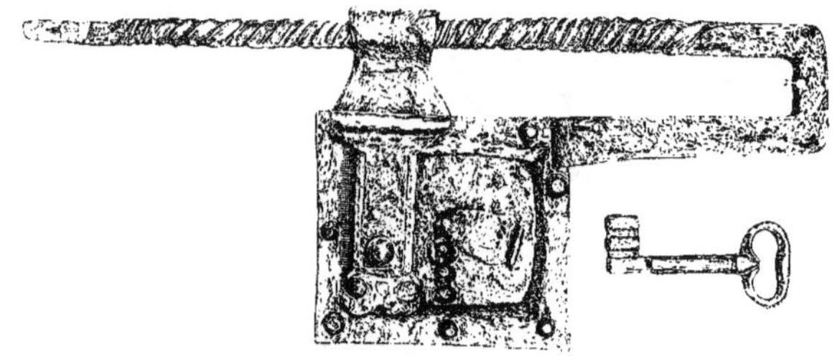

SERRURE A BOSSE, XVIIᵉ SIÈCLE
COLLECTION DE M. LE SECQ DES TOURNELLES

ces spécimens en bronze permettant de conclure que les serrures devaient être de même métal.

Le plus ancien type de serrure est sans contredit la serrure à bosse, ainsi nommée de la forme de la boîte qui vient en saillie sur le nu de la porte. L'un des exemples les plus parfaits que l'on connaisse est la serrure à bosse qui servait à fermer les portes d'une armoire monumentale conservée dans l'église d'Aubazine (Corrèze).

Les visiteurs de l'Exposition pouvaient se faire une idée de ce genre de fermeture en étudiant une serrure de ce type exposée par M. Le Secq des Tournelles. Quoique par certains détails de fabrication on puisse reconnaître que cette pièce de ferronnerie ne date que du dix-septième siècle, elle donne une idée fort exacte de ce qu'étaient les premières serrures connues.

Pour le quinzième siècle, nous trouvons dans la collection des frères Bernard une serrure à vertevelle d'un modèle fort intéressant; on aperçoit la poignée servant à faire manœuvrer le long

SERRURE A VERTEVELLE DU XVIᵉ SIÈCLE
MONTÉE SUR UN PANNEAU EN BOIS

verrou qui glisse dans une sorte de boîte toute recouverte de fines découpures formées de mouchettes et d'engrelures suivant le goût de l'époque. Le mécanisme de ces serrures était combiné de telle sorte que, lorsque le verrou était arrivé au bout de sa course, un ressort se détendait brusquement a l'intérieur, ce qui empêchait la verrevelle de revenir en arrière. Pour l'ouvrir, il fallait, à l'aide de la clef, opérer une pression sur le ressort intérieur, car c'est un fait à noter que, dans la plupart de ces anciennes serrures, les clefs n'opèrent pas une révolution complète; elles doivent être ramenées en arrière pour pouvoir être extraites du trou de la serrure.

Ce mode de fermeture était destiné a clore la porte des maisons ou des grands appartements; les serrures destinées aux huches étaient d'une forme tout à fait différente pour pouvoir être fermées lorsque le couvercle venait à être rabattu. Ces serrures affectent la forme d'un rectangle, dans lequel viennent s'encastrer les mo-

SERRURE DE CHEF-D'ŒUVRE EXÉCUTÉ
AU XVIIIe SIÈCLE DANS LE GOÛT DU XVIe
D'APRÈS UNE GRAVURE DE L'ENCYCLOPÉDIE
MÉTHODIQUE

raillons fixés par une forte armature après la partie supérieure du coffre, que l'on relevait et qu'on appliquait ensuite contre le mur.

Les serruriers apportaient tous leurs soins a décorer les moraillons de ces serrures; ces pièces sont presque toujours ornées d'une statuette en fer forgé reposant sous un petit dais ajouré; à la partie inférieure est placée une petite console finement moulurée. Dans la collection de M. Le Secq des Tournelles, on pouvait voir une serrure de ce modèle représentant un saint Sébastien le corps

SERRURE DE COFFRE A MORAILLON
PORTANT UNE STATUETTE DE S. SÉBASTIEN
XVIe SIÈCLE

percé de flèches; malgré toutes ses blessures, le martyr semble disposé a défendre l'entrée de l'arche a la garde de laquelle il est préposé.

ENTRÉES DE SERRURES DE COFFRES ET MASCARONS SERVANT DE FONCET POUR LES SERRURES
ENTRÉE D'UNE SERRURE A TROIS CLEFS PORTANT LES ARMOIRIES DE LA VILLE DE POITIERS
FER GRAVÉ XVII SIÈCLE. — COLLECTION DE M. H. SECQUES À BRUXELLES

Dans d'autres serrures, la disposition subit une légère variante ; on trouve des serrures divisées en trois compartiments égaux, à droite et à gauche des statuettes de fer forgé, et au centre un cache-entrée. C'est, en effet, une coutume constante au Moyen Age, de masquer ainsi l'ouverture par laquelle la clef devait être introduite dans la serrure.

A l'époque de la Renaissance, on a fait quelques serrures dont les façades sont décorées de plaques en fer repoussé, formées de bandes qui s'entre-croisent en tous sens. Ces entrelacs sont disposés de manière à former des cartouches analogues aux ornements d'architecture que l'on rencontre fréquemment dans les monuments de cette époque.

Au dix-septième siècle, nous retrouvons pour les serrures d'appartements la même disposition à trois compartiments que nous signalions précédemment. Il est bon toutefois de remarquer que ces exemples sont pour la plupart empruntés à des serrures de

SERRURE DE COFFRE DU XVIe SIÈCLE
EN FORME D'ÉDICULE FLEURDELISÉ
LA POIGNÉE DE LA TARGETTE EST FORMÉE D'UNE
TÊTE D'ANGE

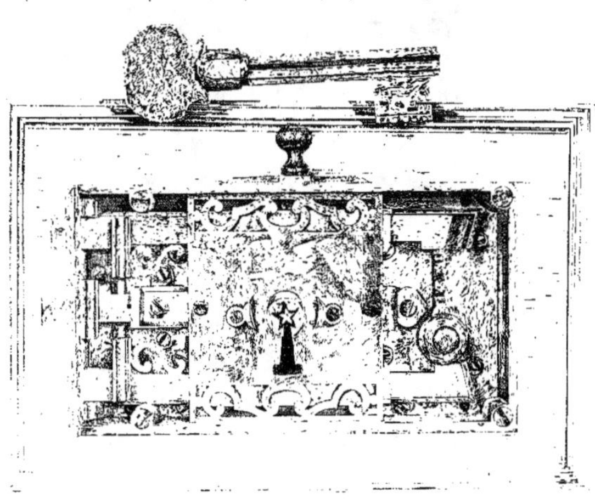

SERRURE D'APPARTEMENT DU XVIIe SIÈCLE
L'ANNEAU DE LA CLEF, PEUT-ÊTRE POUR LA CISELURE, N'A PAS ÉTÉ TERMINÉ

chefs-d'œuvre qui étaient toutes faites sur un modèle déterminé et devaient remplir certaines conditions fixées par les règlements, et dont l'aspirant à la maîtrise ne devait s'écarter sous aucun prétexte.

Dans cet ordre d'idées, on pouvait voir exposées trois serrures, l'une portant au centre un vase dans le style de la Renaissance, la seconde une figure de saint Pierre tenant une clef à la main, et la troisième une tête de Christ se détachant au centre d'un petit édicule surmonté d'un fronton, orné lui-même d'une tête d'ange.

Cette dernière pièce présente un intérêt réel, car elle est datée et signée par son auteur, Nicolas Vadel, 1665.

Au dix-septième siècle, les serrures de coffre sont en hauteur ; elles sont

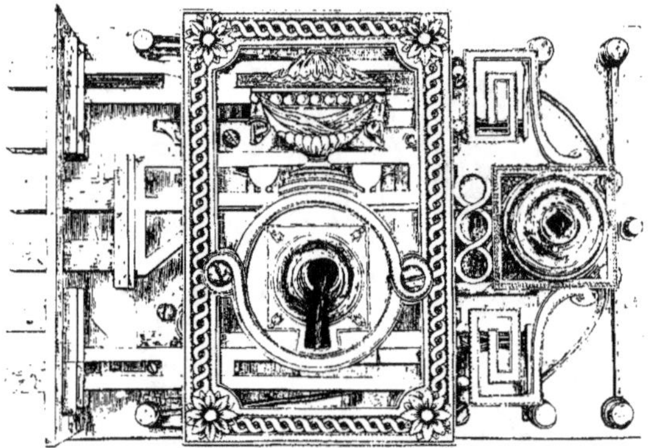

SERRURE A SIX PÈNES, MUNIE D'UN BEC DE CANE
ÉPOQUE LOUIS XVI
COLLECTION DE M. LE SECQ DES TOURNELLES

munies de trois ou cinq pènes qui viennent pénétrer dans les aubrons fixés après le couvercle des coffres, et dont les ouvertures ont été ménagées de telle façon que, quand le couvercle est rabattu, elles viennent exactement se placer devant le pène.

Un des plus beaux types que l'on puisse trouver est la serrure qui vient du trésor de la ville de Poitiers et dont l'ouverture ne demandait pas moins de trois clefs différentes.

Au dix-huitième siècle, on s'est plu à rechercher, dans les serrures, des combinaisons de mécanisme des plus compliquées. On pouvait voir exposée une serrure de l'époque Louis XVI fermant au moyen de six pènes, dont quatre étaient indépendants les uns des autres, tandis que les deux du milieu étaient commandés directement par le bouton.

Nous ne pouvons terminer cet article sur les serrures sans parler de la fameuse pièce de maîtrise exécutée par les compagnons de la ville de Marseille.

Ce chef-d'œuvre de ferronnerie est en forme de croix de la Légion d'honneur, munie de rayons disposés d'une manière symétrique. L'entrée apparente était une fausse entrée, et il fallait une disposition spéciale de la clef pour arriver à faire jouer le pêne. Le cache-entrée était formé par le profil de Napoléon, et à l'intérieur du canon de la clef était un N, qui se retrouve dans la partie correspondante de la serrure. Cette pièce était maintenue au moyen de petits écrous, qui devaient servir à la fixer sur une planche ou sur un support quelconque.

TÊTE D'ENFANT EN FER
REPOUSSÉ
EXÉCUTÉE EN RONDE BOSSE, TRAVAIL
FRANÇAIS DU XVIII° SIÈCLE

Cette pièce extraordinaire avait été le résultat d'un concours entre deux des plus habiles ouvriers de la ville de Marseille. Pour accomplir ce travail prodigieux, ils avaient été enfermés pendant de longs mois en loge, n'ayant pour tout moyen d'action qu'une forge, une enclume, un marteau. Ils s'étaient ainsi trouvés dans l'obligation de forger tous les outils nécessaires à l'accomplissement de leur travail. Cette pièce, aussi curieuse par la légende qui s'y rattache que par sa fabrication proprement dite, n'a pas été une des moindres attractions de l'exposition de la « Petite Métallurgie ».

LES CLEFS

Les clefs, à l'époque romaine, se distinguent par un procédé de fabrication tout à fait spécial. D'une manière à peu près générale, on peut dire que la poignée est toujours en bronze, tandis que la partie de la clef destinée à être insérée dans la serrure est en fer forgé.

Les clefs romaines diffèrent sensiblement par leur forme de celles qui ont été employées aux époques suivantes : la poignée est souvent la représentation d'un animal couché dont le corps sort à moitié d'une bague dans laquelle vient s'embrever la partie en fer de la clef.

La plus célèbre des clefs romaines qui soit parvenue jusqu'à nous est la fameuse clef de Tarare, dont la poignée en bronze représente un personnage assis sur une outre, ce qui laisse à supposer qu'elle servait à fermer le cellier de quelque riche propriétaire de vignoble. Elle mesure vingt-quatre centimètres de longueur, et c'est un véritable monument qui ne devait pas être d'un transport bien facile.

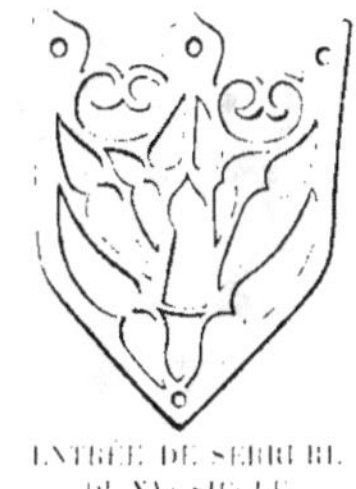

ENTRÉE DE SERRURE
DU XV° SIÈCLE
FER FORGÉ

Les Romains se sont cependant servis aussi de clefs de fort petite dimension ces clefs étaient fixées après un anneau et pouvaient, à la rigueur, être passées au doigt. Dans la collection de M. Lacoste, on pouvait voir des clefs de ce système, artistement alignées sur des planchettes de chêne.

Pour la période franque, c'est-à-dire pour tout le laps de temps qui s'écoule depuis l'occupation gallo-romaine jusqu'au trei-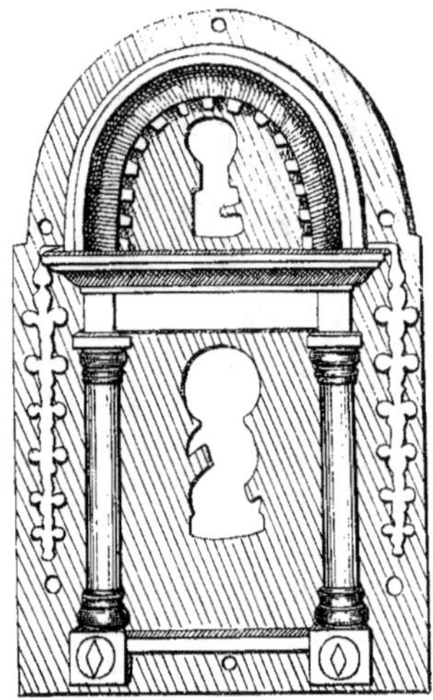
zième siècle, on trouve un genre de clef tout à fait caractéristique : ce sont des clefs en bronze dont la poignée plate affecte plus ou moins la forme d'une mitre. Toutes ces clefs sont couvertes de dessins formés de petits cercles concentriques, et ce genre de décoration est également répandu sur le canon et sur la partie inférieure de la clef.

Les pannetons de ces clefs sont d'un métal assez mince et percés d'ouvertures à dessins géométriques destinées à augmenter la sécurité de la fermeture en raison des gardes au travers desquelles devait passer le panneton.

Au treizième siècle, les clefs affectent une forme beaucoup plus géométrique, et sans contredit sont infiniment plus élégantes. Les anneaux représentent le plus souvent un carré placé sur un de ses angles et terminé soit par

ENTRÉE D'UNE SERRURE A DEUX CLEFS
DE L'ÉPOQUE DE LA RENAISSANCE

une petite boucle, soit par un anneau destiné à permettre de joindre la clef à un trousseau.

ENTRÉES DE SERRURES DU DÉBUT DU XVIIᵉ SIÈCLE
COLLECTION DE M. LE Séq… DES TOURNELLES

Les représentations des clefs à cette époque sont assez fréquentes dans les sculptures du Moyen Age, car elles sont un des attributs le plus généralement donnés à saint Pierre. Dans un grand nombre de sceaux et d'armoiries de cette époque, on trouve également la figuration des clefs, ce qui permet de leur donner une date à peu près certaine.

Au quatorzième siècle, les anneaux des clefs sont d'un travail plus compliqué: ils figurent généralement une rosace quadrilobée laissant au centre une petite ouverture plus ou moins travaillée. On commence à voir apparaître à cette époque des pannetons d'une dimension beaucoup plus considérable; enfin, il faut remarquer que cette partie de la clef reçoit alors des espèces de crans qui, avec les époques suivantes, iront en se multipliant jusqu'à ce qu'ils arrivent à former ces peignes, qui sont d'un travail si étonnant et qu'on rencontre d'une manière courante dans les clefs du seizième siècle.

Au quinzième siècle, la mode apporte une profonde modification dans les anneaux: ce ne sont même plus à proprement parler des anneaux, mais bien plutôt des poignées dont le développement est assez considérable pour pouvoir être pris à pleine main.

ENTRÉE DE SERRURE DE COFFRE

FER REPOUSSÉ, XVII SIÈCLE

Ces clefs affectent une disposition toute particulière les empêchant d'être introduites dans la serrure plus profondément que la hauteur du panneton. Au-dessus de cette partie se trouve, en effet, une bague carrée soigneusement moulurée qui supporte soit une rosace ajourée, soit une sorte de trèfle, et le tout est terminé par une couronne ornée de fleurons.

Les collections de MM. Moreau et Le Secq des Tournelles renferment plusieurs modèles de ce genre de clef qui sont dans un remarquable état de conservation.

Au seizième siècle, les anneaux de clefs reçoivent une décoration empruntée à la Renaissance italienne, et on voit pour la première fois figurer des animaux et quelquefois même de petits personnages. Le génie des artisans s'est alors donné libre carrière: il arrive à faire des combinaisons plus ou moins fantastiques, telles que ces sirènes adossées dont le corps se termine par des pieds de bouc; elles

sont reliées à la hauteur du col par un mascaron. Dans la vitrine placée au rond-
point de l'exposition de la « Petite Métallurgie », on pouvait apercevoir plusieurs
spécimens de ces précieux objets en fer.

Pour les serrures d'un prix moins élevé, on faisait des anneaux de clef

FRONTISPICE DU SECOND CAHIER DE MODÈLES DE SERRURERIE
DESSINÉ PAR JACQUES-VALENTIN FONTAINE, SERRURIER DU ROI AUX GOBELINS, XVIIIᵉ SIÈCLE

composés d'ornements géométriques s'harmonisant autour d'un rond, d'un ovale
ou d'un carré placé au centre de l'anneau.

Au dix-septième siècle, on abandonne la riche décoration du siècle précédent,
et les anneaux de clef affectent la forme de cintres surbaissés ; la partie supérieure
de l'anneau est formée d'une sorte de balustre cintré dont le milieu est occupé
par une toute petite boule qui, suivant la richesse de l'objet, prenait un dévelop-

pement plus ou moins considérable. Quelquefois, le balustre est remplacé par deux têtes de serpent affrontées, et qui semblent venir mordre la petite boule centrale. Le canon de ces clefs est presque toujours en tiers point, c'est-à-dire en triangle et généralement foré à l'intérieur. Les règlements édictés par la corporation de cette époque exigeaient que chacune des faces de ce triangle fût creusée, et c'est ce qu'en termes de métier on appelait clef à tiers point cannelé.

ENTRÉE DE SERRURE DE COFFRET, FER DÉCOUPÉ. XVIIIe SIÈCLE

À l'époque de Louis XIV, les anneaux des clefs sont plats et d'un travail qui rappelle plutôt la ciselure sur bronze que le travail du serrurier à proprement parler. À cette époque, les clefs ne pénètrent pas dans les serrures plus profondément que la hauteur du panneton ; la tige de la clef reçoit alors une décoration très soignée ; tantôt c'est un balustre orné de cannelures creuses et arrêtées aux deux extrémités par de petites bagues finement ciselées ; tantôt le travail de la tige de la clef présente une série de côtes, ou bien encore de fines gravures dont la régularité, empreinte d'une certaine sécheresse, rappelle tout à fait le travail de l'arquebuserie.

Sous Louis XV, les anneaux des clefs représentant ces rocailles à l'allure quelque peu échevelée, et où la fantaisie de l'artiste empêche d'établir une règle bien déterminée, l'anneau de la clef contient quelquefois les motifs les plus inattendus, tels que cet ours tenant lui-même à la main une clef, ou cette délicate clef de pendule où l'on voit un chien grimpant au milieu des rinceaux et des feuillages.

À l'époque Louis XVI, la mode est aux clefs figurant un chiffre ; la tige et le panneton sont beaucoup plus simples que pendant la période précédente, ils sont de formes unies, et, dans les serrures soignées, sont ornés d'un fond sablé très fin ; chacune des ouvertures de cette partie de la clef est accompagnée de filets gravés à la pointe.

Sous Louis XVI, on a fait beaucoup de passe-partout affectant la forme d'une double clef, dont la tige se trouverait dans le prolongement l'une de l'autre ; une poignée creusée et

ANNEAU DE PORTE EN FER TORDU XVIIe SIÈCLE

mobile glisse le long de cette tige et vient recouvrir entièrement celui des deux pannetons que tient à la main la personne cherchant à ouvrir la serrure.

Certaines clefs du temps de Louis XVI ont été traitées avec une richesse de ciselure qui rappelle les plus beaux bronzes de l'époque. Un des plus remarquables spécimens est évidemment la clef portant le monogramme G J placé au milieu d'un

DIFFÉRENTS MODÈLES D'ANNEAUX DE CLEFS
COMPOSÉS PAR JACQUES VALENTIN FONTAINE, SERRURIER DU ROI AUX GOBELINS

cadre ovale tout enguirlandé de roses se détachant sur un fond sablé d'or : cette clef, qui avait autrefois fait partie de la collection de M. Fau, appartient maintenant à M. Le Secq des Tournelles, et elle n'a certainement pas été une des pièces les moins goûtées du public.

Fleuron Simple.

PENTURES DE PORTES

L'usage de blinder les portes au moyen de ferrures servant à les supporter remonte à l'époque la plus reculée du Moyen Age; des textes certains nous

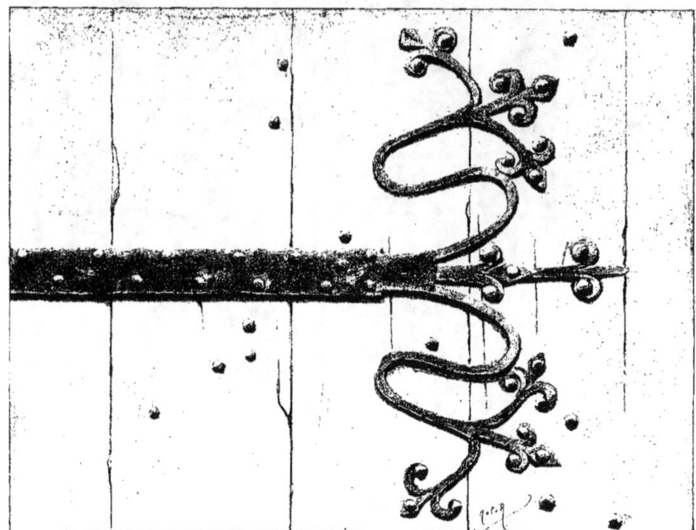

PENTURE DE LA PORTE DE LA VIERGE, CATHÉDRALE D'AMIENS, XIVe SIÈCLE

montrent que cette coutume existait dès le dixième siècle. En lisant, en effet, la *Vie de Gualdricus*, qui fut évêque d'Auxerre vers 949, sous Richard, duc de Bourgogne, nous voyons que ce prélat, après avoir terminé la construction de son église, éleva entre le portique et la crypte, des portes remarquables par les ferrures merveilleusement travaillées dont elles étaient enrichies : *Valvas operosa ferri fabrica distinctas*.

Pour le onzième siècle, nous avons mieux que des monuments figurés à citer comme exemple; on peut encore voir, en effet, à la porte de la cathédrale du Puy des pentures, datant de l'an 1000, qui offrent la forme d'un C. Dans l'intérieur de cette courbe se trouvaient des ornements cintrés, dont il ne reste plus maintenant que les amorces.

A cette époque, les artistes ferronniers ont parfois donné carrière à leur imagination pour l'ornementation des vantaux des portes; à Saint-Léonard (Haute-Vienne), on voit, en effet, des animaux fantastiques pouvant ressembler à des lions qui sont fixés sur le bois de la porte.

PENTURE DE LA PORTE NORD, SOUS LE CLOCHER, A SAINT-LÉONARD (HAUTE-VIENNE)

XIIe SIÈCLE

Au douzième siècle, les pentures prennent un caractère architectural beaucoup plus distinct; alors on supprime les ornements inutiles, toutes les parties de la penture concourent à augmenter la solidité de l'huis qu'elles sont chargées de défendre.

Ces pentures sont d'un aspect plutôt sévère et aussi imposant par leur masse que par la difficulté qui a dû présider à leur exécution. Elles embrassent presque toute la largeur de la porte, ce qui les distingue des pentures des époques

PENTURE DU PORTAIL DES LIBRAIRES. — CATHÉDRALE DE ROUEN. XIV⁵ SIÈCLE

précédentes; elles sont fixées contre le bois par de nombreux clous passant à travers des trous percés à chaud; cette disposition avait pour avantage d'augmenter la solidité du fer au lieu de l'attamer, ainsi que la chose a lieu quand les trous sont percés à l'arçon.

Au douzième siècle on a commencé à faire usage de fausses pentures, qui n'étaient autre chose que des panneaux en fer artistement ouvragés, disposés entre les pentures servant effectivement à porter le vantail.

A cette même époque on ne rencontre qu'assez rarement des fleurs ou des feuillages estampés dans des matrices en acier; toutefois, comme à Paris les arts et l'industrie étaient toujours en avance de plus d'un demi-siècle sur ce qui se faisait en province, on peut citer, fabriqué dans cette ville, un des plus beaux modèles de pentures qui ait jamais été composé; c'est celle qui se trouve à la porte de Notre-Dame, la plus rapprochée de la Seine, et qui est évidemment d'une époque bien antérieure au reste des serrures.

ANNEAU EN BRONZE ET PENTURES EN FER FORGÉ GARNISSANT LA PORTE
DE SAINT-JULIEN DE BRIOUDE, XII° SIÈCLE

Le principal caractère des pentures, au treizième siècle, est l'emploi des matrices permettant d'étamper d'un coup de marteau ces riches feuillages et ces animaux symboliques qui font l'admiration de tous ceux qui ont contemplé les portes de Notre-Dame.

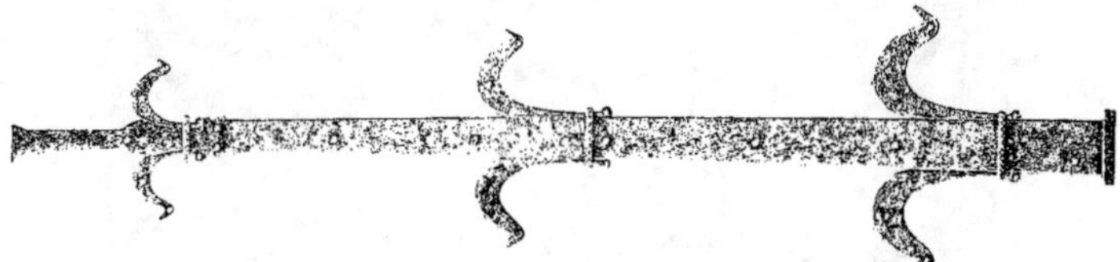

PENTURE DE LA PORTE SUD. — CATHÉDRALE D'AUXERRE, XVe SIÈCLE

À l'exposition de la « Petite Métallurgie », dans la vitrine de M. l'abbé Goumelle, on pouvait voir deux petits panneaux en fer forgé, composés de trois motifs, formés chacun de quatre rinceaux, et qui semblent avoir appartenu à l'origine, soit à une grille, soit à une fausse penture.

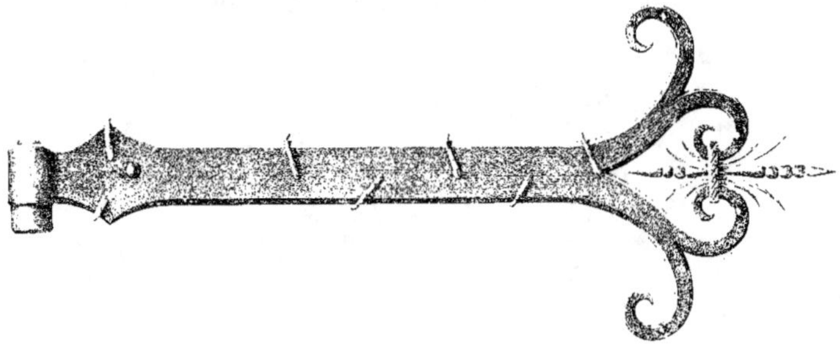

PENTURE DE LA PORTE LATÉRALE DE SAINT-NAZAIRE DE BÉZIERS, XVIIe SIÈCLE

La technique de ce travail est des plus simples, et chacun de ces motifs n'a pas demandé plus d'une douzaine de soudures faites à chaude portée ; ainsi qu'on peut s'en rendre compte, les rinceaux ont été passés dans une étampe à baguette pour leur donner un profil mouluré destiné à les rendre plus légers à l'œil.

Aux quinzième et seizième siècles, on a employé pour les portes d'un poids moindre que celles qui servaient à fermer les églises ou autres édifices publics des pentures en forme de longues bandes, composées d'une épaisse lame de fer décorée soit avec des feuillages découpés, soit à l'aide de clous et de petites consoles moulurées, tels que le présentent les deux exemples qui figuraient dans la partie centrale de l'Exposition.

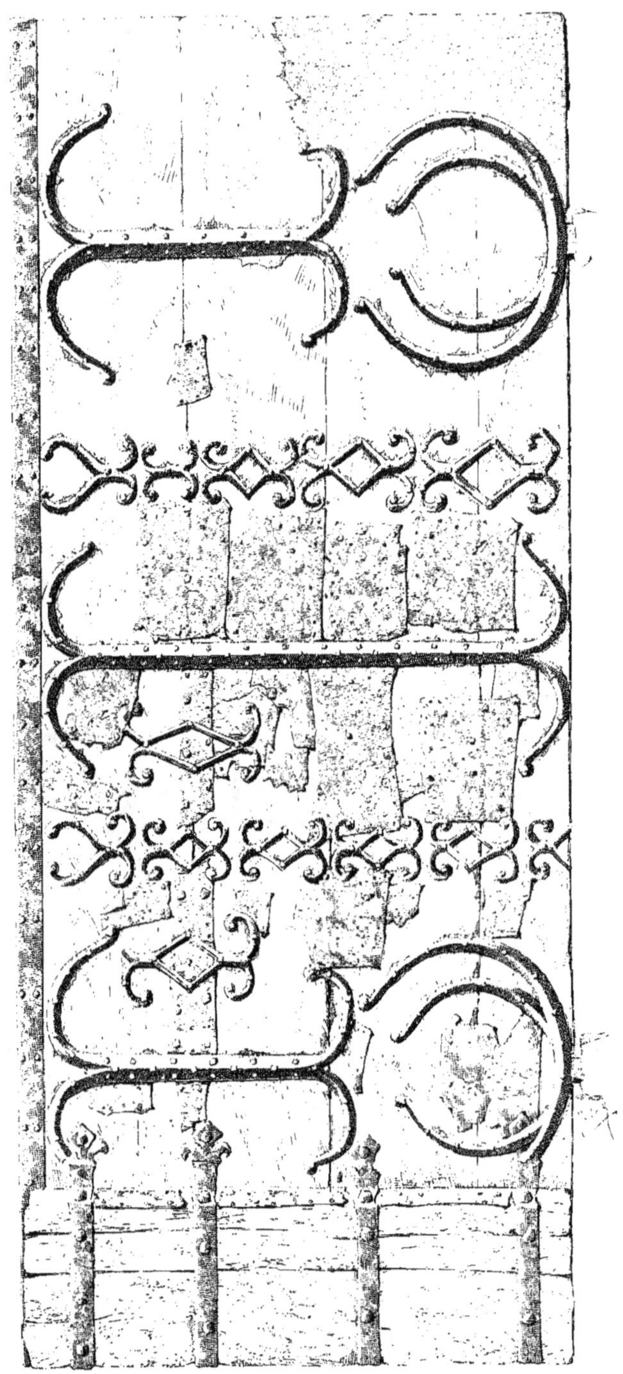

PENTURES ET ARMATURES EN FER FORGÉ DE LA PORTE PRINCIPALE
DE LA CATHÉDRALE DU PUY, XIe SIÈCLE

Au seizième siècle, les fenêtres garnies de vitraux étaient protégées à l'intérieur par des volets en bois plein; ces derniers étaient renforcés par toute une
série d'équerres destinées à maintenir les assemblages; M. Lacoste avait exposé

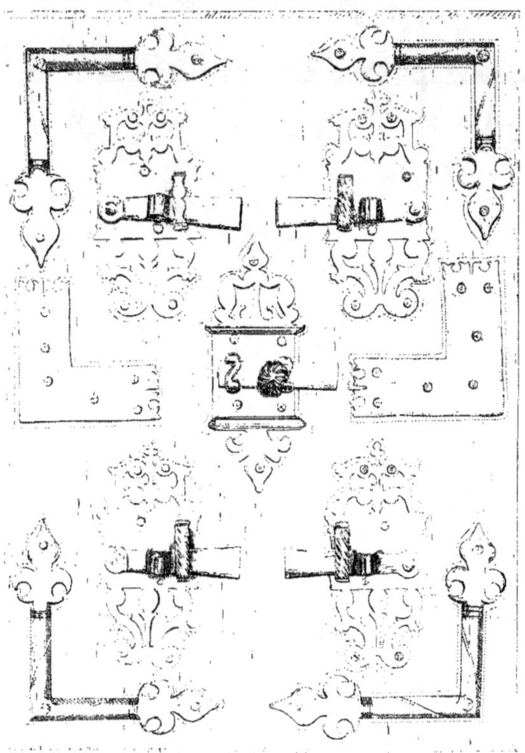

PENTURES DE FENÊTRES PROVENANT DU PRIEURÉ DE CELLES-SUR-OURCE
(Collection de M. Lacoste, XVIe siècle)

deux planchettes où il avait réuni toute une série de ferrures provenant d'un petit
prieuré du département de l'Aube, de Celles-sur-Ource. Parfois ces équerres
étaient munies de loqueteaux permettant de maintenir fermé le volet. M. Le Secq
des Tournelles avait exposé trois de ces spécimens d'équerres à loqueteaux qui
remontaient à la fin du seizième siècle ou au commencement du dix-septième.

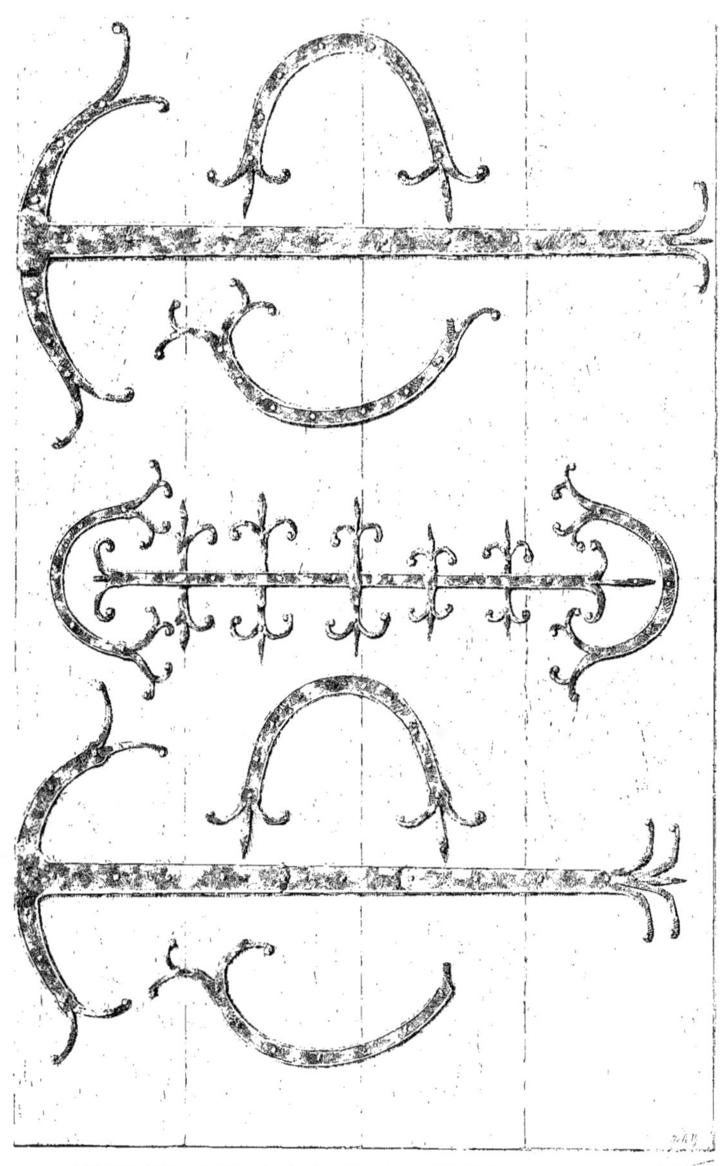

PENTURE DE LA PORTE DE L'ÉGLISE DE SAVIGNY-EN-TERRE-PLAINE (CÔTE-D'OR)

FER FORGÉ, XII SIÈCLE

VERROUS ET TARGETTES

Les targettes ou verrous ont été en usage dès le quinzième siècle; le modèle le plus simple est en forme de targe ou bouclier, c'est une simple plaque de fer martelé portant en son centre une côte vigoureusement marquée qui sert autant à la décoration de cette pièce de serrurerie fine qu'à en augmenter la solidité; des contours largement profilés font de ce petit objet un des plus jolis spécimens que l'on puisse proposer à ceux qui sont en quête de ferrures du Moyen Âge.

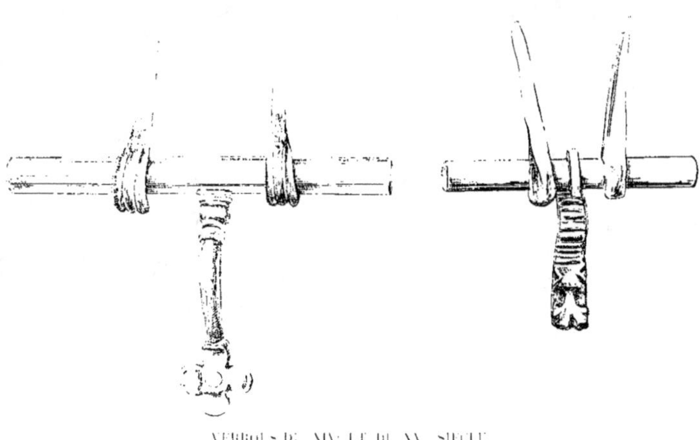

VERROUS DU XIVe ET DU XVe SIÈCLE
COLLECTION DE M. LE SECRÉTAIRE DES TOURNELLES

Ce genre de verrou se faisait tantôt en hauteur, tantôt en largeur, suivant la force et la disposition du montant en bois sur lequel il devait s'appliquer.

Au commencement du seizième siècle, on a fait des targettes composées d'une plaque découpée à jour et légèrement repoussée à certaines places; on a presque toujours choisi comme modèle des feuilles de persil aux contours à la fois si délicats et si élégants.

Au seizième siècle, les verrous prennent une plus grande importance, ils sont encloisonnés et composés de deux plaques de fer superposées et reliées par des baguettes de fer finement moulurées. La plaque supérieure est entièrement travaillée au repoussé, elle est décorée d'arabesques empruntées à la Renaissance italienne, et le bouton en fer qui actionne le verrou proprement dit est presque toujours un petit buste finement ouvragé, rappelant d'une manière plus ou moins précise le buste des empereurs romains.

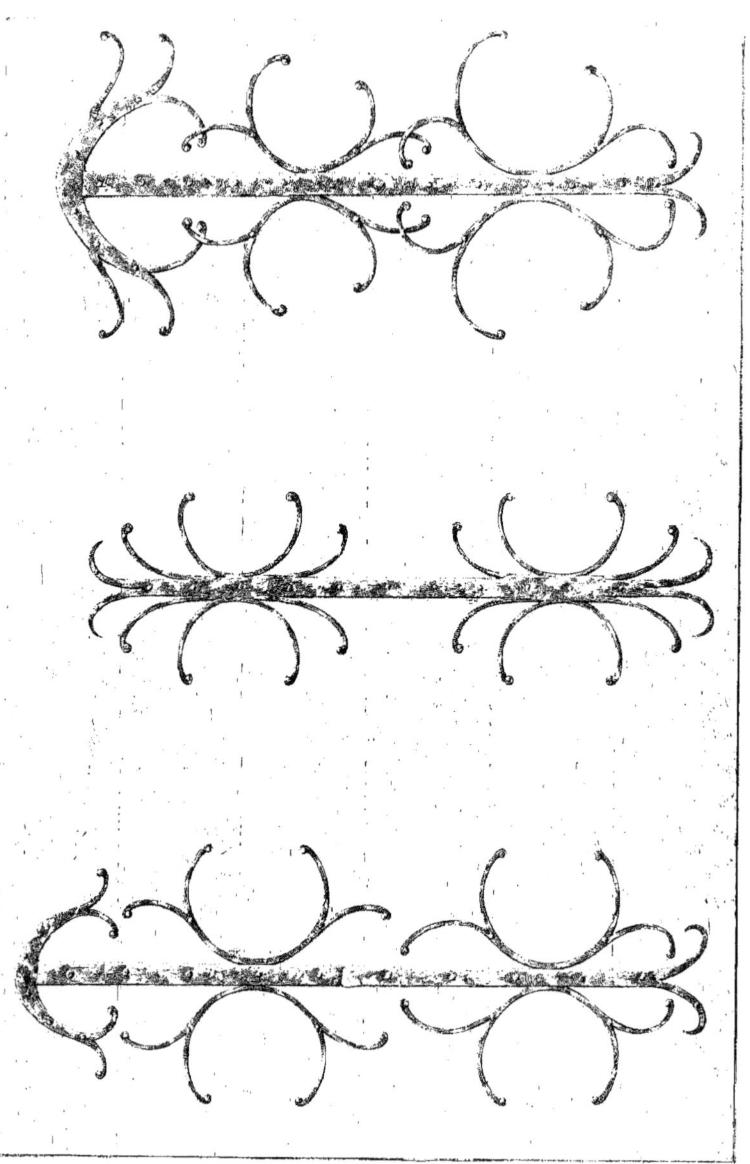

PENTURE DE LA PORTE PRINCIPALE, A MONTRÉAL, CÔTE-D'OR
FER FORGÉ, XIII° SIÈCLE

Au dix-septième siècle, les targettes abandonnent la forme rectangulaire propre au siècle précédent, elles affectent une forme ovale légèrement pointue à ses extrémités, qui sont le plus souvent formées de deux coquilles ou d'un fleuron. Ces targettes sont formées d'une seule plaque de fer repoussé sur laquelle sont rivés des colliers servant à maintenir la tige du verrou. Le plus souvent, on a,

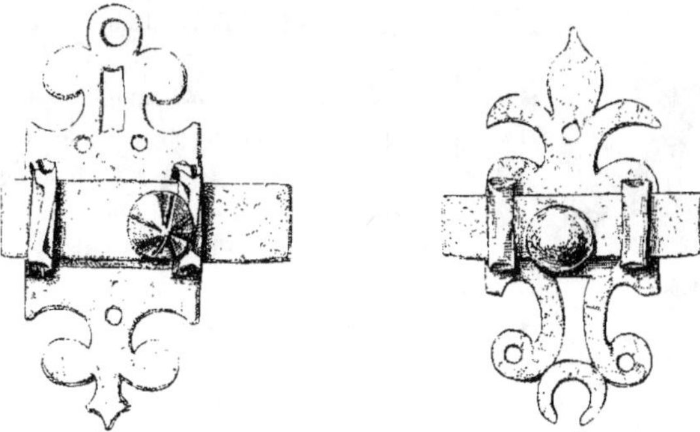

VERROUS EN FER DÉCOUPÉ, XVIIe SIÈCLE.

dans la décoration en fer repoussé, ménagé une place où figurent les armoiries, le chiffre ou la devise de celui pour lequel l'objet était fabriqué. Dans les collections de MM. Déchard, Morsent et Klein, on pouvait voir de nombreux spécimens de ces verrous traités avec un soin et une perfection qui rappellent plutôt le travail de bijouterie que celui de la forge proprement dit.

MODÈLE [illegible] XVIIIe SIÈCLE

MARTEAUX DE PORTE

Les plus anciens heurtoirs ont été en forme d'anneaux, et la tradition rapporte que l'on avait choisi cette forme de préférence à toute autre, parce qu'elle pouvait plus facilement être saisie par ceux qui se précipitaient à la porte des édifices sacrés pour y chercher le droit d'asile dont ces enceintes ont joui pendant de longues années en France.

L'un des plus anciens exemples que l'on puisse citer est le marteau de la porte de la cathédrale du Puy-en-Velay ; il consiste en une tête de lion en bronze, dans la gueule duquel passe un lourd anneau de fer venant battre sur un clou rivé dans le vantail de chêne.

On peut citer comme marteau du douzième siècle celui qui est à la porte occidentale de la cathédrale de Noyon ; il est formé d'un mufle de lion parfaitement conservé et est encore muni de son anneau de bronze formé d'une torsade.

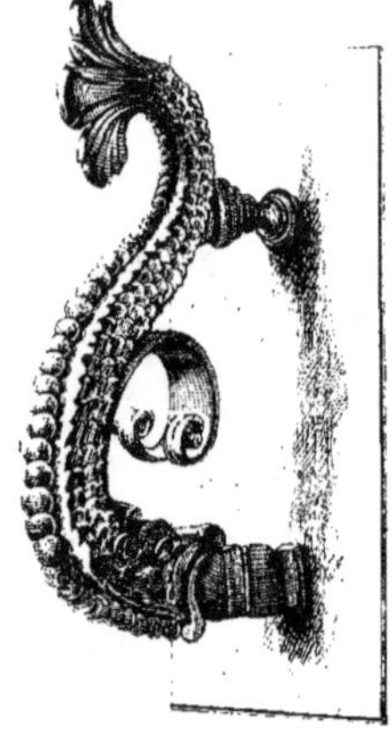

HEURTOIR DU XVe SIÈCLE
FER FORGÉ ET CISELÉ

Au quatorzième siècle, les heurtoirs sont souvent composés d'un animal qui tient dans sa gueule une masse de fer servant à heurter le clou de percussion ; d'autres fois, ces anneaux ne sont employés que comme ornementation, et ils sont rivés sur une épaisse traverse de fer qui vient elle-même frapper sur le clou.

Dans la collection de M. Le Secq des Tournelles, on pouvait voir quelques spécimens de ce genre de heurtoirs, qui représentaient des marmousets, des salamandres, ou des serpents à la forme plus ou moins emblématique.

Pour le quinzième siècle, c'est la représentation de l'homme sauvage que l'on retrouve le plus fréquemment ; cette figure allégorique devait avoir chez ceux qui l'employaient la propriété d'effrayer les gens doués de mauvaises intentions, et par suite de protéger les maisons contre les voleurs.

HEURTOIR A BALUSTRE
ÉPOQUE RENAISSANCE

Au quinzième siècle, on a fait aussi des heurtoirs ornés d'une figurine en fer forgé reposant sous un dais finement ouvragé ; cette forme de heurtoir offre la plus grande analogie avec les moraillons des serrures, et il est évident qu'en raison même de la disposition de l'objet on ne pouvait trouver une meilleure décoration.

Au seizième siècle, on commence à faire des marteaux de porte composés d'une boucle et d'une platine; la boucle est encore très longue et garnie de feuillage dans la partie la plus renflée. La platine est formée de mascarons en fer repoussé, et figurant soit un motif grotesque, soit une tête cherchant à rappeler les compositions romaines.

Au seizième siècle, on a fait des

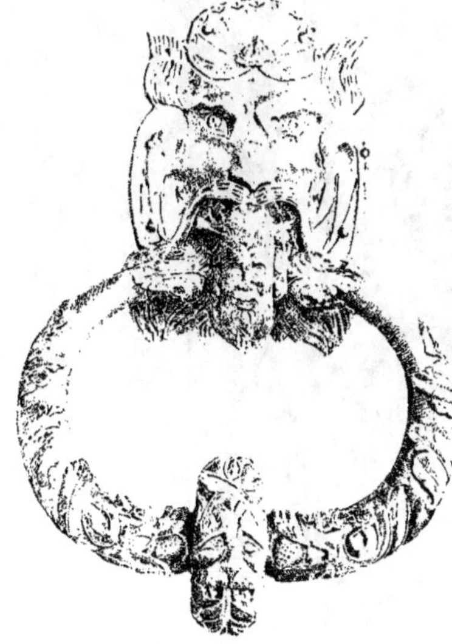

HEURTOIR MUNI D'UNE PLATINE FORMÉE D'UN MASCARON EN FER REPOUSSÉ. XVIᵉ SIÈCLE.

heurtoirs racloirs; cet instrument avait la forme d'une poignée, mais à la partie inférieure se trouvait une tige en fer tordu contre laquelle on faisait frotter l'anneau formé de deux tiges de fer nattées ensemble; la rencontre des angles de ces deux baguettes produisait un trait strident qui décelait la présence du visiteur.

A l'époque de Louis XIII, les marteaux de porte prennent des dimensions considérables, ce sont de lourds objets du poids de plusieurs kilogrammes, et qui affectent la forme de balustres dans la partie la plus cintrée. Généralement, la partie moulurée de ces balustres courbes est garnie de feuillages, et la boule qui les sépare est souvent remplacée par une tête munie d'une imposante paire de moustaches.

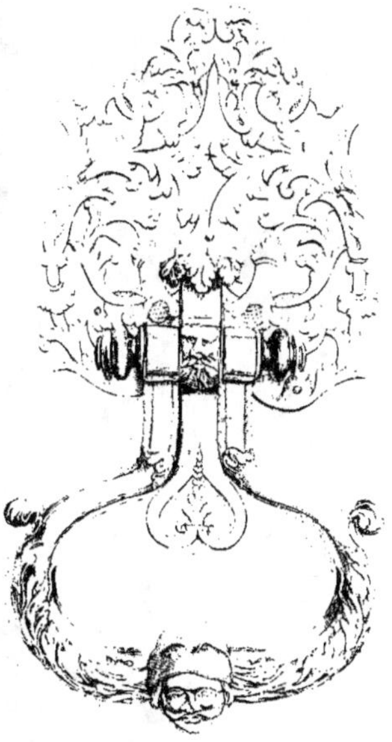

MARTEAU DE PORTE MUNI D'UNE PLATINE EN FER DÉCOUPÉ ET GRAVÉ. ÉPOQUE LOUIS XII

HEURTOIR DE LA PORTE DE LA MAISON DE JACQUES COEUR, A BOURGES

EN FORGÉ. XVᵉ SIÈCLE

On commence à faire sous Louis XIII ces platines en fer mince découpé, et qui ne forment sur la porte qu'une saillie d'un à deux millimètres.

À la fin du dix-septième siècle, ces platines prennent des dimensions beaucoup plus considérables, elles atteignent quelquefois un demi-mètre de hauteur avec une largeur proportionnée.

Sous Louis XIV, on a fait de fort beaux marteaux de porte en fonte de fer; un des plus beaux modèles est celui qui représente deux oiseaux couronnés qui se trouvent dos à dos dans la partie centrale de la boucle, tandis que le reste de la pièce est garni de feuillages et de moulures.

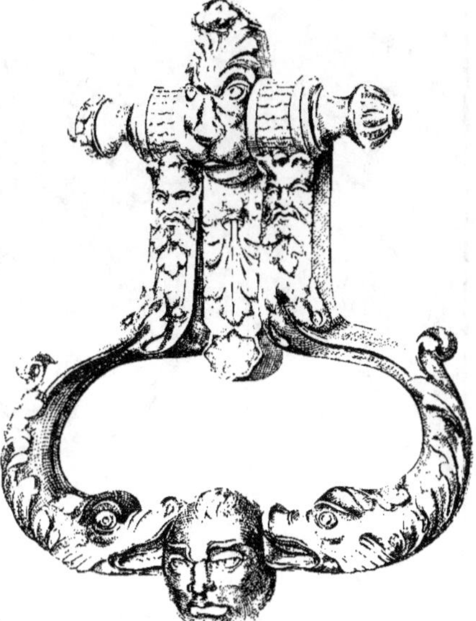

MARTEAU EN FORME DE BOUCLE
(EN BRONZE CISELÉ, XVIIe SIÈCLE)

Avec l'époque de Louis XV, on voit apparaître les marteaux aux formes contournées qui rappellent le style rococo si en faveur à cette époque.

Sous Louis XVI, les marteaux sont beaucoup plus simples, ils sont composés presque uniquement de moulures finement travaillées, et dont les profils sont généralement choisis avec grand soin. À la porte des vieux hôtels, on peut encore voir bon nombre de ces objets qui sont restés fidèlement en place, et ne sont plus aujourd'hui qu'un motif de décoration que nos serruriers modernes ne manquent pas de copier pour orne-

MARTEAU EN FONTE CISELÉ, XVIIIe SIÈCLE

menter les portes des beaux hôtels qui se construisent journellement à Paris.

CLENCHES ET ANNEAUX DE PORTES, FER FORGÉ. XVIe SIÈCLE

COLLECTION DE M. LE SECQ DES TOURNELLES.

ENSEIGNES

C'est généralement aux serruriers que l'on s'est adressé pour faire exécuter les diverses enseignes servant à caractériser soit un commerce déterminé, soit une maison.

Dans ce dernier cas, à l'époque où la numérotation n'était pas encore connue, on avait le plus souvent recours aux enseignes en pierre sculptée, on se plaisait à faire aussi un jeu de mots destiné à frapper davantage l'imagination et à devenir un aide-mémoire permettant de retrouver, sans trop de peine, l'hôtel de la personne que l'on désirait visiter.

ENSEIGNE « A L'HOMME ARMÉ »

Dans Paris, il existe encore un assez grand nombre de ces enseignes sculptées dans la pierre et ces dernières ont quelquefois même donné leur nom à la rue tout entière. Près de la place Saint-Sulpice, on peut voir une ruelle que la plaque indicatrice désigne sous le nom de « rue des Canettes » ; cette rue est ainsi dénommée d'un vieil hôtel du temps de Louis XV qui portait, sculpté sur sa façade, un grand cartouche richement ornementé au milieu duquel on apercevait un étang où trois jeunes canes ou canettes étaient occupées à prendre leurs ébats.

Dans un autre quartier, au coin de la rue des Nonnains-d'Hyères et de la rue de l'Hôtel-de-Ville, on voit une importante enseigne sculptée dans la chaîne de pierre qui forme l'angle de la maison : c'est un petit rémouleur dans l'exercice de ses fonctions : la maison que ce curieux bas-relief servait à caractériser était *l'hôtel du Coque-Petit*.

Les enseignes en métal et particulièrement en fer subsistant encore en place sont plus rares, car, par suite des nécessités du commerce, elles ont souvent été déplacées et détruites ; l'idée de collectionner ces souvenirs qui nous permettent de vivre la vie des temps passés ne date en effet que de quelques années.

A l'exposition de la Classe 65, on pouvait retrouver un certain nombre de ces

ENSEIGNE A LA TOUR D'ARGENT.
SERVANT AUTREFOIS D'IMPOSTE, FER FORGÉ AVEC ORNEMENTS EN FER REPOUSSÉ, XIX⁰ SIÈCLE.

anciennes enseignes que bien des visiteurs ont encore dû voir en place. Qui ne se souvient, en effet, de l'enseigne *A l'homme armé*, qui formait l'imposte de la grille d'un marchand de vin non loin des Archives Nationales ? Ce tableau, qui remonte aux premières années du dix-neuvième siècle, représente un guerrier en costume Moyen Age, assis sur un canon entouré de boulets et de bombardes et environné de bouteilles qu'il vient de vider courageusement en l'honneur du dieu Bacchus.

Une autre enseigne, qui servait à une profession analogue et qui doit être sensiblement de la même époque que l'*Homme armé*, c'est la *Tour d'argent* ; sa disposition indique qu'elle servait d'imposte au-dessus d'une porte, et le cep de vigne abondamment chargé de raisins indique d'une manière assez précise la profession qu'elle servait à caractériser.

Depuis la fin du dix-huitième siècle, la plupart des commerces de consommation, tels que boulanger, boucher et marchand de vins, avaient leur devanture

POTENCE D'ENSEIGNE EN FER FORGÉ
D'APRÈS JACQUES VALENTIN FONTAINE
SERRURIER DU ROI AUX GOBELINS, XVIIIe SIÈCLE

ENSEIGNE — A LA TÊTE SAINT JEAN
XVIIIe SIÈCLE

fermée par d'épaisses grilles de fer destinées à les protéger en cas d'insurrection ; c'est au milieu des rinceaux dont ces grilles sont composées que l'on plaçait le plus généralement ces petites enseignes en tôle repoussée qui étaient une sorte de rébus d'une lecture facile même pour les consommateurs les moins perspicaces. La plus connue est, sans aucun doute, le *Bon Coing*. Cette enseigne était réservée aux débitants de vins placés à l'intersection de deux rues.

Un autre modèle d'enseigne d'un goût un peu plus relevé était désignée par : *Au puits sans vin*, qu'il convenait de lire : *Au puissant vin*.

Mais ces jeux d'esprit ont bientôt cessé d'être du goût de la plupart des clients des débitants d'alcool ; c'est ce qui les a condamnés à disparaître de la plupart des grilles.

Dans la collection de M. Le Secq des Tournelles, on pouvait voir une autre enseigne, qui, d'après la tradition, provenait d'une charcuterie et qui représentait la tête de saint Jean dans un plat. Dans la même vitrine, était exposée une enseigne de

Habit de Mallettier Coffrettier

perruquier barbier figurée par une tête en ronde bosse ornée de la plus imposante barbe qu'il soit possible de rêver; l'industriel avait écrit au-dessous de cette marque distinctive de son commerce : *A la barbe d'or*. Enfin, nous citerons une toute petite enseigne d'armurier, traitée avec un soin remarquable; elle représente des boulets, des trophées d'instruments de musique surmontés d'une cuirasse et d'un casque, le tout accompagné de lances et de faisceaux de licteurs.

ENSEIGNE D'ARMURIER EN FER PEINT ET DORÉ
COMMENCEMENT DU XIXᵉ SIÈCLE
COLLECTION DE M. LE SECRÉTAIRE TOURNELLE

Quoiqu'un vieux proverbe déclare que ce sont toujours les cordonniers les plus mal chaussés, il faut avouer que le fait ne se vérifie pas pour les enseignes des serruriers; une habitude qui s'est perpétuée jusqu'à nos jours a établi que les artisans travaillant le fer devaient indiquer leur profession au moyen d'une clef monumentale [1] suspendue à leur porte; cette nécessité d'éloigner du mur la clef pour qu'elle soit visible de plus loin a été un motif tout trouvé à l'apposition de consoles richement ouvragées où le maître ferronnier montrait tout son savoir; c'était la meilleure carte d'échantillon qu'il pût étaler aux yeux du public, et il est vraiment à regretter que nos artisans modernes aient abandonné cette noble tradition du passé et remplacé ces petites merveilles d'art et de serrurerie par ces horribles enseignes en zinc ou en tôle plus ou moins grossièrement dorées.

[1] [illegible footnote]

GUICHETS DE PORTE

À une époque où la sécurité des rues était loin d'être assurée, les propriétaires d'hôtels particuliers, les communautés religieuses trouvaient prudent, avant

GUICHET DE L'HOPITAL DE BEAUNE, (La Côte-d'Or). XVe SIÈCLE

d'ouvrir leur porte à ceux qui étaient venus y frapper, d'examiner en détail le demandeur. Cette nécessité a fait établir les guichets de porte au moyen desquels on pouvait, de l'intérieur, voir sans être vu.

L'un des plus beaux spécimens de ces objets remonte au quinzième siècle et se trouve à la porte de l'hôpital de Beaune; c'est une véritable fortification que ce grand guichet de fer de plus d'un mètre de hauteur; il est garni de pointes mena-

PLAQUE EN FER REPOUSSÉ ET CISELÉ.
ÉPOQUE LOUIS XVI. — COLLECTION DE M. LE SECRÉTAIRE DES TOURNELLES

çantes, mais, comme la décoration ne perd jamais ses droits, il est surmonté d'un charmant couronnement en fer découpé et ajouré portant les armes de la ville.

Dans les vitrines de la Classe 65 on pouvait apercevoir deux autres modèles de ce genre de ferrure extérieure: l'un figure un petit édicule muni de son toit imbriqué, et sous ce petit auvent sont figurés les meneaux d'une fenêtre, dont les montants en pierre sont remplacés par d'élégantes découpures dessinant des mouchettes et des engrelures du plus bel effet; pour compléter la ressemblance de cet édicule avec un véritable monument, il était fixé contre le bois de la porte au moyen de deux larges contreforts terminés par d'élégantes aiguilles, analogues à celles que l'on trouve au sommet des arcs-boutants de nos cathédrales.

À côté de ce guichet, on en voyait un autre plus simple, composé d'une large plaque de tôle repoussée et ayant quelque analogie avec ces serrures à bosse si souvent décrites dans les inventaires du Moyen Age. La face extérieure est garnie d'une série d'ouvertures dont l'ingénieuse composition rappelle les plus jolies rosaces de nos monuments gothiques. Ces constructions en miniature formaient une saillie assez prononcée sur le bois de la porte: c'est pour les protéger contre la pluie que l'on eut l'idée de les surmonter de petits toits à pente rapide qui produisent, du reste, un charmant effet décoratif.

LUTRIN EN FER FORGÉ

ÉPOQUE LOUIS XIV, DÉTAIL DE CÔTÉ DU PUPITRE ET DE LA FACE CENTRALE DU PIED

COLLECTION DE M. LE ... DE BERNELLES

MEUBLES EN FER

Si peu vraisemblable que cette idée nous paraisse aujourd'hui, on a fait, dans les siècles précédents, de fort beaux meubles en fer, dont le prix était même souvent supérieur aux meubles de bois qui se trouvaient exposés, par leur nature même, à une plus prompte destruction. C'est dans l'intérieur des églises qu'il faut aller chercher ces objets dont on possède encore de si nombreux spécimens ; une habitude constante voulait en effet que les lutrins fussent le plus souvent en métal.

Dès une époque très reculée, on trouve de magnifiques lutrins en bronze représentant un aigle les ailes déployées et porté sur une

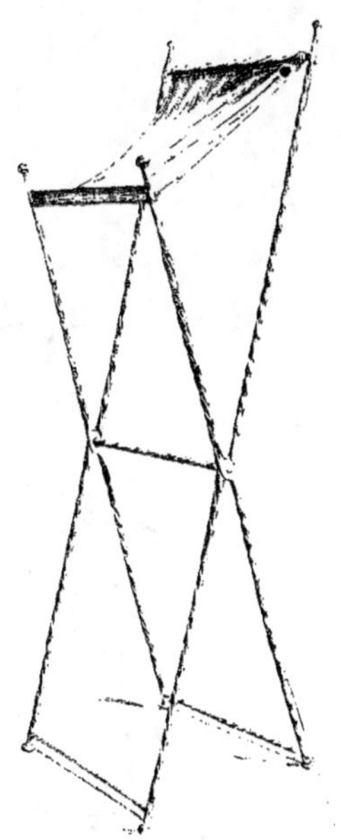

LUTRIN EN FER TORDU
GARNI D'UN CABINET EN FER, XVIe SIÈCLE
COLLECTION DE M. L'ABBÉ GOUNELLE

colonne dont l'architecture était en harmonie avec le goût de l'époque.

Au dix-septième siècle on a abandonné cet usage archaïque pour faire des lutrins en forme de pupitre et montés sur des pieds triangulaires. M. Le Secq avait exposé trois objets de cette nature, dont un surtout était particulièrement remarquable par la perfection du travail et la judicieuse application des formes employées. Ces lutrins sont composés de forts montants en fer plat, et les intervalles se trouvent remplis par des rinceaux habillés de feuillages grassement modelés.

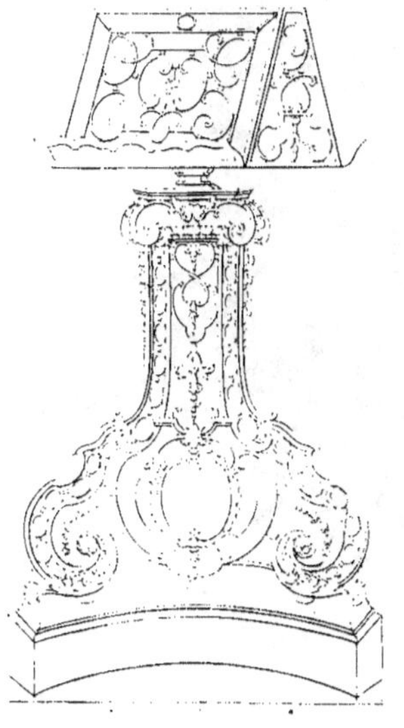

LUTRIN EN FER FORGÉ.
D'APRÈS UN DES FAÏENCES FONTAINE

CRÈCHE EN FORME DE LANTERNE
FER FORGÉ, XVIIIe SIÈCLE
COLLECTION DE M. LE B^on DES TOURNELLES

C'est également au fer que l'on avait recours pour tous ces riches appareils du luminaire connus sous le nom de couronnes de lumière pédiculées ; quand ces appareils se trouvaient chargés de leurs cierges flamboyants, ils ressemblaient à

MODÈLES DE CHANDELIER PASCAL ET DE LUTRIN
COMPOSÉS PAR JACQUES VALENTIN FONTAINE, SERRURIER DU ROI AUX GOBELINS
XVIIIᵉ SIÈCLE

de véritables arbres de feu dont le symbolisme se trouvait bien en rapport avec les idées de l'époque.

Maintes fois aussi le fer a été employé pour le mobilier civil ; tout le monde a pu apercevoir, en effet, cet extraordinaire lit à colonnettes dont le dossier était surmonté d'un fronton orné de fleurs et de feuillages distribués peut-être avec plus de profusion que de goût. Ce lit, dont les dimensions étonnent encore aujourd'hui, rappelle une des coutumes les plus en usage au moyen âge, qui voulait que toute une famille reposât sous une même courtine.

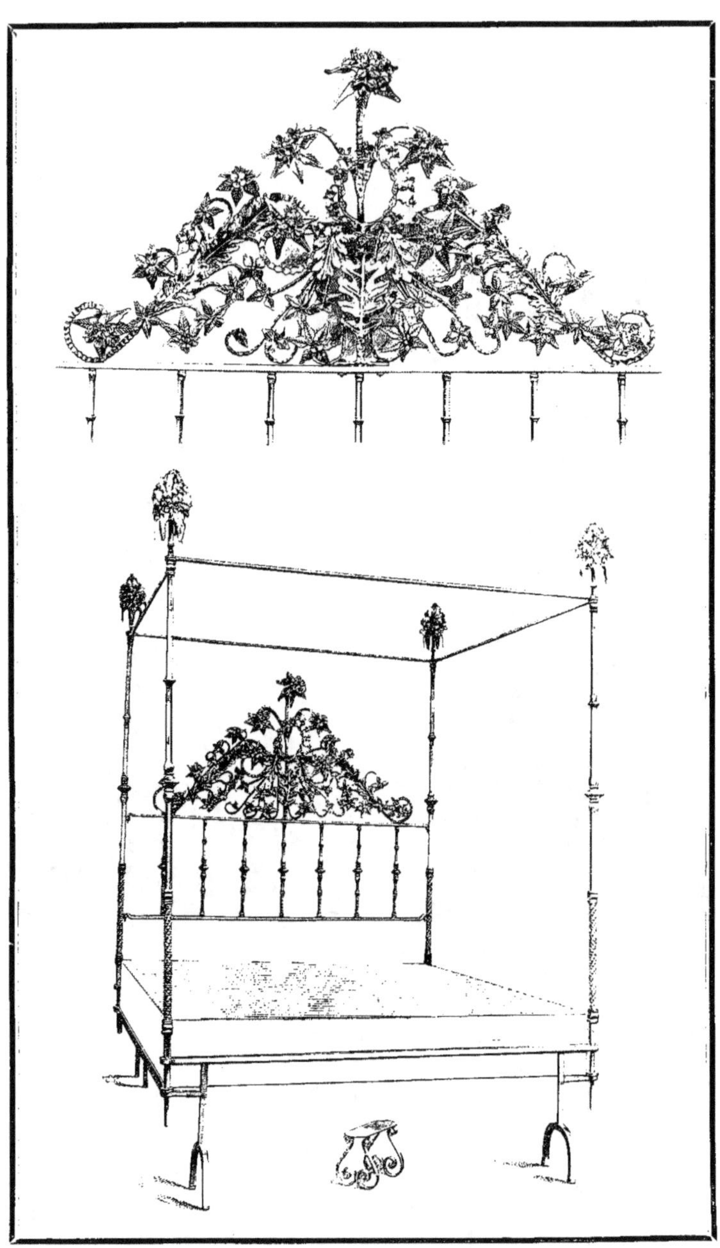

LIT A COLONNETTES. TRAVAIL ITALIEN DU XVII SIÈCLE

DÉTAIL DES ORNEMENTS EN FER FORGÉ QUI SURMONTENT LE DOSSIER

COLLECTION DE M. LE SECQ DES TOURNELLES

ACCESSOIRES DU COSTUME EN FER FORGÉ

En dehors des meubles meublant, comme on dit en terme juridique, l'industrie du ferronnier comprend la fabrication d'une multitude de petits objets destinés à un usage personnel; c'est dans cette catégorie qu'on peut faire rentrer les clavières ou porte-clefs, les fermoirs d'escarcelles, les boîtes ou bonbonnières.

Les clavières sont le plus généralement formées d'une grande boucle de forme surbaissée reliée par une chaîne à un crochet en forme de spatule destinée à être placée dans la ceinture. Ces objets, qui sont désignés souvent dans les inventaires sous le nom de *clavandiers*, de *portants* ou de *pendants à clefs*, doivent remonter environ au quinzième siècle : c'est en somme notre anneau brisé, d'un travail sensiblement plus précieux et infiniment plus pratique que ces chaînes d'argent qui ont été à la mode pendant quelque temps pour éviter aux gens distraits de perdre leurs clefs.

Dans un compte manuscrit d'Étienne de La Fontaine, en 1350, nous trouvons la mention suivante :

(Fonts Baptismaux)

Led. Pierre, pour 2 o. 10 esterl. d'or de touche baillés aud. Jehan, pour faire une charnière à pendre les clefs du roy, de laquelle la maille qui tient à la ceinture ferme à vis et à charnière.

Un peu plus tard, dans *l'Inventaire de Charles VI*, en 1399, il est question d'*ung pendant à clefs, à 2 boutons de perles*.

Ces clavandiers étaient de deux modèles, tantôt l'anneau était formé de deux lames de métal se recouvrant sur une assez grande surface et ouvertes à chacune des extrémités, ou bien encore elles formaient une boucle munie d'une charnière en son milieu et dont la fermeture était cachée à l'endroit même où la boucle se rattachait à la chaîne de suspension.

MODÈLE D'HORLOGE EN FER FORGÉ

COMPOSÉ PAR JACQUES-VALENTIN FONTAINE, SERRURIER DU ROI AUX GOBELINS, XVIIIe SIÈCLE

Les fermoirs d'escarcelles étaient souvent d'une richesse de travail vraiment merveilleuse. On pouvait voir dans les vitrines de la Classe 65 un fermoir orné de toute une construction de style gothique figurant assez bien une cathédrale avec toutes ses tours et ses clochetons. Parfois, au lieu d'avoir recours à des ciselures

Longpérier

aussi riches, on cherchait à obtenir un effet décoratif au moyen de fines incrustations de métal précieux.

Dans la collection de M. Le Secq des Tournelles, il y avait notamment un objet de ce genre dont la précision du dessin et le fini du travail rappelaient les plus belles armes damasquinées d'or du seizième siècle.

Les bonbonnières en fer ajouré et repoussé ont été fort à la mode pendant tout le dix-septième et le dix-huitième siècle; on a fait dans cet ordre d'idées des pièces d'une délicatesse de travail inouïe; ce sont tantôt des fleurs s'échappant d'un motif central en forme de corbeille, tantôt de fines ciselures prises sur fond et figurant des scènes militaires ou des sujets gracieux.

Notons enfin les drageoirs en fer damasquiné d'argent qui ont été fort à la mode sous le règne de Louis XIII. Un genre de travail qui a été aussi très en faveur au dix-huitième siècle, pour ce genre d'objet, consistait en une double enveloppe, c'est-à-dire en une boîte de cuivre doré recouverte elle-même de plaques en acier découpé et ciselé à travers les jours de laquelle on apercevait le fond brillant de la doublure. Presque toutes ces bonbonnières n'ont d'autre mode de fermeture qu'un petit cran d'arrêt et elles s'ouvrent au moyen d'une simple pression de la main.

COFFRETS GARNIS DE FER, DE CUIVRE OU DE BOIS, XV ET XVI SIÈCLES

COLLECTION DE M. LE SECQ DES TOURNELLES

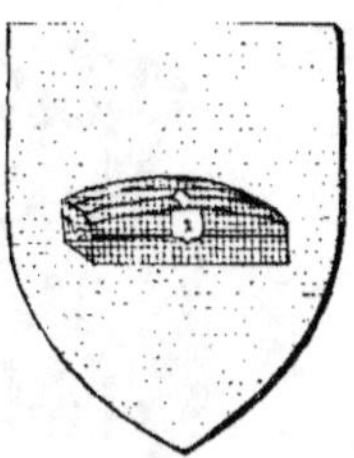

ARMOIRIES DES COFFRETIERS MALLETIERS ET ENTRÉE DE SERRURE EN FER DÉCOUPÉ

COFFRETS

Ce sont de véritables coffres-forts portatifs que l'on a faits pendant tout le Moyen Age : le plus grand nombre de ces pièces, quoique de dimensions assez restreintes, étaient toutes bardées de fer, renforcées aux angles et dans le milieu par d'épaisses bandes de métal rivées et munies de contreforts servant autant à la décoration qu'à la solidité de l'objet.

Parmi les coffrets il y a eu, au seizième siècle, un genre que l'on peut considérer comme classique : ce sont les coffrets réticulés. Ils sont ainsi nommés par suite de la ressemblance avec un filet, que donne la plaque de tôle découpée et ajourée dont ils sont revêtus.

Ces petites boîtes sont généralement de la dimension d'un volume in-8° et munies d'une serrure richement ornée placée sur un des petits côtés du rectangle. La charnière est naturellement placée à l'opposé. De petits balustres en fer mouluré

COFFRET GARNI DE FENESTRAGES
FER DÉCOUPÉ RIVÉ SUR LE FOND, XVIe SIÈCLE
COLLECTION DE M. LE SÉNATEUR DESFOURNELLES

garnissent les angles; le cache-entrée est toujours masqué par une pièce d'un travail analogue et qui s'ouvre au moyen d'un petit loqueteau caché : le secret consiste généralement à faire mouvoir une des petites boules servant de pied au coffret ou à coulisser l'un des arêtiers placé dans l'angle.

La plupart de ces coffrets étaient munis de poignées ou d'anneaux solidement rivés à l'intérieur et permettant de les enchaîner dans les crédences de chêne

COFFRETS EN FER CISELÉ ET REPERCÉ. XVIe SIÈCLE

COLLECTION DE M. LE SECQ DES TOURNELLES

massif, et, lorsqu'on les transportait en voyage, ces mêmes attaches servaient à
les fixer à l'arçon de la selle.

Au Moyen Age, on a employé toutes sortes de matières pour la fabrication des

COFFRET EN FER GRAVÉ A L'EAU FORTE
TRAVAIL ALLEMAND DU XVIe SIÈCLE

coffrets; on en a fait en bois, garnis dans toute leur largeur de pentures en fer
fleurdelisé; les coins et les bandes de recouvrement du couvercle étaient du même
métal.

Parfois on a eu recours au cuir repoussé et finement gravé pour former le
corps même du coffret; dans ce cas il est muni de frettes en fer cloutées de cuivre;
le plus souvent la boîte est fermée au moyen d'une serrure à bosse en fer ou en
cuivre.

COFFRETS EN FER CISELÉ ET REPERCÉ, XIVᵉ ET XVᵉ SIÈCLES
COFFRET EN CUIR GARNI DE PENTURES EN FER, XVIᵉ SIÈCLE
PETIT MEUBLE A BIJOUX EN FORME DE COMMODE EN FER DAMASQUINÉ D'OR

ÉPOQUE LOUIS XVI. — COLLECTION DE M. LE SECQ DES TOURNELLES

OUTILS ET INSTRUMENTS

À une époque où l'on ne connaissait pas la variété de métaux actuellement en usage, c'est au fer que l'on s'adressait pour façonner tous les outils et instruments indispensables à la plupart des métiers. Citons d'abord tous les compas de formes si diverses, depuis le grand compas de charpentier, dont quelques-uns atteignent près d'un mètre de hauteur, jusqu'au plus élégant maitre à danser, c'est-à-dire au compas d'épaisseur employé notamment par les sculpteurs et les fabricants d'instruments de précision.

Les marteaux affectaient aussi les formes les plus diverses, et la multiplicité de ces modèles provient surtout de l'usage auquel ils étaient destinés. Les marteaux de serruriers assez courts et carrés sont munis, du côté le plus épais, d'une face légèrement arrondie de façon à étirer le fer plus facilement et à empêcher les angles de marquer sur le métal incandescent.

Les marteaux de menuisiers, au contraire, sont beaucoup plus longs, la panne est généralement d'une dimension double de celle du côté le plus gros. Dans cet outil, tous les angles sont à vif et l'artisan qui s'en sert doit savoir appliquer son coup avec assez de justesse pour qu'aucune des carres ne vienne meurtrir le bois.

Les marteaux de maréchaux-ferrants sont semblables à un pied de boue et

Suspension

MODÈLE D'UNE CONSOLE DESTINÉE
A SUSPENDRE UN LUSTRE.
[illegible]
[illegible]

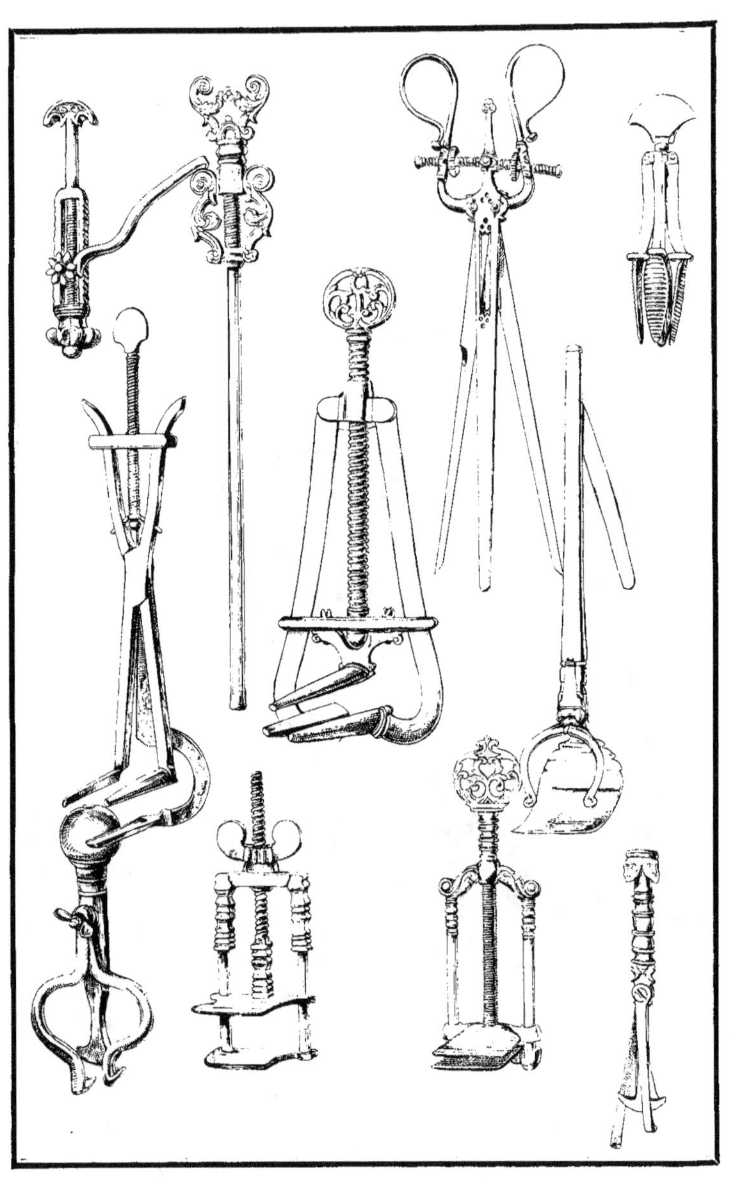

INSTRUMENTS DE CHIRURGIE DU XVIe ET DU XVIIe SIÈCLE

DAVIER — SONDE — CISEAUX — ABAISSE-LANGUE — SPECULUM

ACIER CISELÉ ET GRAVÉ. — COLLECTION DE M. LE Sᵉᶜᵍ DES TOURNELLES fendus comme lui à leur extrémité; cette disposition est adoptée pour retirer les clous au moment de l'opération du ferrage de l'animal.

Les enclumes sont également de formes très variées. M. Forgeron avait exposé quelques spécimens de bigornes du seizième siècle, d'une forme intéressante et d'un fort joli profil.

Les accessoires de la table, tels que les casse-noisettes et autres petits instruments, ont donné lieu à une variété de formes des plus remarquables. Le plus communément, ces outils sont en forme de pince et terminés à leur extrémité par une tête d'oiseau, dans le bec duquel est ménagé un emplacement destiné à loger la noisette de façon à la briser sans endommager l'amande. D'autres fois, les casse-noisettes affectent la forme d'un petit étau muni d'une vis de pression, dont on peut mesurer le serrage, jusqu'à ce que le craquement significatif se soit fait entendre.

FRONTISPICE DU TROISIÈME CAHIER DE MODÈLES DE SERRURERIE
GRAVÉ PAR VALENTIN FONTAINE
SERRURIER DU ROI AUX GOBELINS, XVIIIe SIÈCLE

Les moulins à café ont donné lieu à une ornementation toute particulière: ils sont le plus souvent en forme de tour reposant sur une large boîte carrée, dans laquelle est ménagé un tiroir destiné à recueillir le café moulu. M. Marc Furcy-Raynaud avait exposé plusieurs objets de cette nature, d'un travail particulièrement soigné. Les moulins à café étaient de deux espèces: tantôt ils formaient de petits meubles indépendants que la ménagère devait maintenir d'une main, tandis que de l'autre elle moulait les grains odorants; le plus souvent, les moulins à café étaient fixés après la table de la cuisine au moyen d'une griffe en forme de fleur de lis découpée, contre laquelle venait s'appliquer la vis d'une sorte de petit étau muni d'un bras de levier passant dans un anneau.

COURONNES SERVANT A SUSPENDRE LES QUARTIERS DE VIANDE (FER FORGÉ, XVIe ET XVIIe SIÈCLES)

CHENETS, PELLES ET PINCETTES ET USTENSILES
SERVANT AU FEU

Presque tous les objets qui font partie du mobilier de la cheminée sortent des mains du serrurier. Les chenets avaient, au Moyen Age, de très grandes proportions : ils étaient généralement reliés l'un à l'autre par de fortes bandes de fer et, d'une manière à peu près générale, ils se terminaient par une sorte de couronne ouverte servant à placer le récipient que l'on vouait tenir à une chaleur douce et tempérée; dans la collection de M. Moreau et dans celle de M. Heilbronner, on pouvait voir des modèles de ce genre d'objet d'un travail fort intéressant et d'un bel état de conservation.

La plupart des ustensiles de cuisine, tels que les fourchettes, les cuillers, les écumoirs, etc., étaient en fer et ornementés avec un soin que nous chercherions vainement à rencontrer dans nos ustensiles modernes. M. Edmond Guérin, qui possède une si curieuse collection d'instruments de cuisine, avait exposé plusieurs objets d'un fort beau travail.

Les couronnes à viande ont été, dès le quinzième siècle, l'objet de la solicitude des plus habiles ferronniers; il faut peut-être trouver l'explication de ce petit problème dans la richesse de la corporation des bouchers, qui était la plus importante de Paris. On sait, en effet, qu'un étal à la halle à la boucherie était aussi

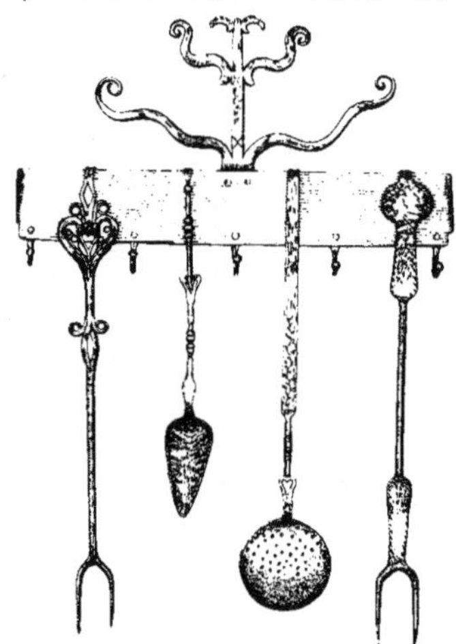

FOURCHETTES ET CUILLERS FER FORGÉ,
XVIe ET XVIIe SIÈCLES
COLLECTION DE M. EDMOND GUÉRIN

recherché que l'est aujourd'hui la plus rémunératrice des fonctions ministérielles.

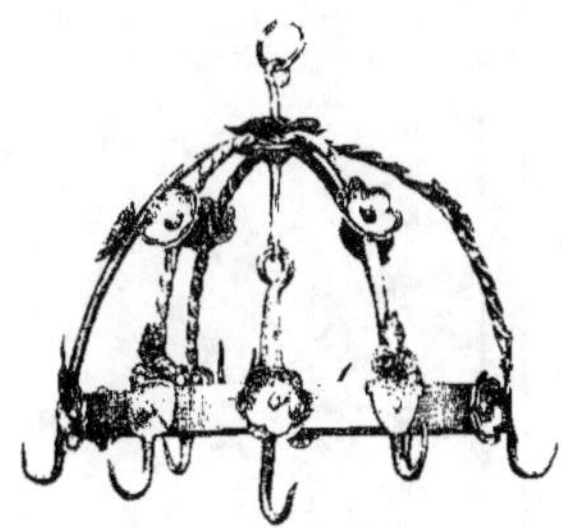

COURONNE SERVANT A SUSPENDRE
LES QUARTIERS DE VIANDE
FER FORGÉ, XVIᵉ SIÈCLE

Les pelles à chaufferettes ont été pendant les deux derniers siècles de véritables bijoux de fer forgé; c'était un des cadeaux les plus en usage parmi les compagnons qui désiraient prouver leur habileté à la dame de leur choix; M. Marc Furcy-Raynaud avait exposé une collection de ces objets choisis avec un goût très sûr. Les grils servant à faire cuire la viande étaient de différents modèles; tantôt ils étaient ronds et munis d'un plateau mobile, tantôt ils affectaient une forme carrée et étaient composés d'une série de dessins géométriques; dans certains cas, ils présentaient la figure d'un parallélogramme plus ou moins richement orné, les barreaux étaient alors garnis d'une série d'ornements soudés à chaude portée. Le travail de ces modestes ustensiles était quelquefois même plus riche et plus soigné que dans les grilles de clôture fabriquées à la même époque.

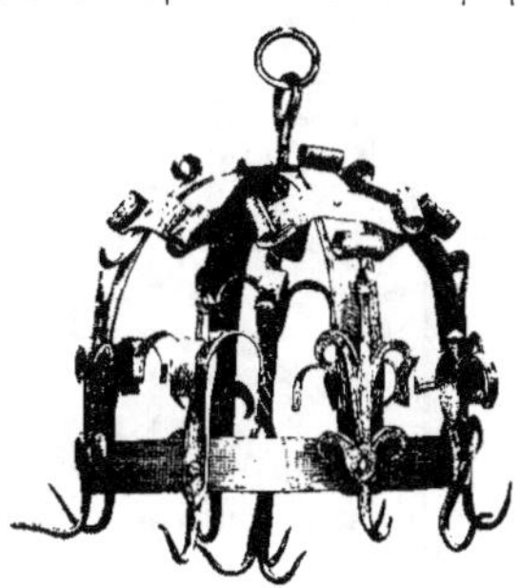

COURONNES SERVANT A SUSPENDRE LES QUARTIERS DE VIANDE
FER FORGÉ, XVIᵉ ET XVIIIᵉ SIÈCLES

Les pelles et pincettes ont été travaillées avec un soin égal à celui de tous les objets que nous venons de décrire. Au seizième siècle, particulièrement dans le nord de la France, on a fait des pelles et des pincettes dont la tige et la poignée sont agrémentées d'une multitude de rinceaux soudés, d'un travail analogue à celui des grils. La pomme de ces instruments était souvent en bronze et d'un travail rappelant les boules qui surmontent ordinairement les chenets.

Au dix-huitième siècle, les pincettes sont ornées en leur milieu d'un balustre tourné : la partie supérieure, qui est beaucoup plus large, est étirée à chaud et ensuite fortement martelée, de façon à lui donner le ressort qui est nécessaire pour son usage ; elle est surmontée d'un petit balustre sur lequel vient se fixer le bouton en bronze. Les deux extrémités de la pincette, généralement de forme arrondie, sont quelquefois découpées avec soin et figurent une fleur de lis.

Les pelles, d'un travail analogue, sont carrées à leur extrémité, quelquefois la tige est ajourée en forme de cœur et les bords relevés du palastre sont découpés et moulurés suivant les profils à la mode à cette époque.

GRILLES

Les grilles les plus anciennes qui aient été fabriquées ont été coulées en bronze. L'un des plus beaux modèles que l'on puisse citer sont les merveilleuses clôtures d'Aix-la-Chapelle, qui remontent au temps de Charlemagne. En raison du peu d'avancement où les arts industriels se trouvaient à cette époque, on peut, malgré la simplicité de ces grilles, comprendre l'admiration qu'elles ont excitée chez les écrivains qui en ont parlé dans leurs mémoires.

Ces grilles sont composées de dessins géométriques d'un très heureux effet, mais on ne peut leur attribuer aucune influence sur les ouvrages en fer forgé des siècles suivants. Il faut arriver, en effet, au douzième siècle pour trouver en France des clôtures en fer forgé dont la date puisse être établie d'une manière à peu près certaine.

Les grilles du douzième siècle sont formées de panneaux rectangulaires d'environ deux pieds de long sur un de large. Pour

PANNEAU DE LA GRILLE DE L'ABBAYE D'OURSCAMPS. XII SIÈCLE
COLLECTION DE M. LE SOUS-PRÉFET DES TOURNELLES

exécuter ce travail, on prenait de petites barres de fer d'environ la grosseur du doigt, et après les avoir disposées sur champ, c'est-à-dire la face la plus étroite en avant, on tordait les extrémités de manière à former des enroulements plus ou moins serrés suivant que l'on voulait donner à la grille un aspect léger ou

MODÈLE D'UNE RAMPE D'ESCALIER
LES VALENTIN BONTEMPS, GRILLES DE BEAUX GOBELINS, XVIIIe SIÈCLE

un air de force et de solidité défiant toute tentative d'effraction. Quand les brindilles étaient ainsi toutes préparées, on juxtaposait les deux rinceaux du milieu qui étaient ensuite soudés à la forge, on approchait ensuite successivement les autres barres que l'on fixait aux premières par le même procédé et on répétait l'opération autant de fois que l'on voulait donner de branches aux rinceaux.

L'AGE DE FER

D'APRÈS UNE GRAVURE PUBLIÉE PAR BONNART, XVIIᵉ SIÈCLE

Malgré sa simplicité apparente, ce travail exigeait de la part du forgeron autant d'habileté que de goût pour donner à son œuvre une grande perfection et un aspect artistique. Les divers panneaux obtenus par ce procédé étaient enchâssés dans un cadre en fer servant de montant et ils étaient rendus solidaires de ce dernier par des liens serrés à chaud.

L'un des plus beaux exemples de ce genre de grille avait été exposé à la Classe 65 et provenait de l'abbaye d'Ourscamps; il se composait de deux panneaux en hauteur d'environ deux mètres de haut sur soixante centimètres de largeur. Chacun des vantaux de la porte était formé d'un cadre en fer plat d'une assez grande épaisseur; quatre bouquets de rinceaux occupaient la hauteur de ces grilles et tout l'ensemble était maintenu par de petits colliers habilement disposés de place en place.

Il existe encore en France, dans les monuments historiques, quelques belles grilles qui sont encore en place; nous citerons notamment la fameuse grille de l'abbaye de Conques non loin de Rodez (Aveyron), qui est un des plus beaux morceaux de fer forgé que l'on puisse citer pour cette époque. Les panneaux sont disposés entre les colonnes du chœur et servent à délimiter le déambulatoire qui fait le tour de cette partie de l'église.

Dans le cloître de la cathédrale du Puy, en Velay, il existe également une grille du douzième siècle composée de rinceaux délicatement forgés et couverts d'une ornementation obtenue à coups de pointeau; les deux panneaux dont cette porte est formée remontent au douzième siècle, mais c'est à une époque moderne qu'ils ont été assemblés de manière à former la porte qui sert à fermer le cloître.

GRILLES DU TREIZIEME SIECLE

Les grilles du treizième siècle présentent un caractère tout à fait différent, et le travail de ces ouvrages de serrurerie se rapproche sensiblement du mode de fabrication des pentures que nous avons vues précédemment. Dans la collection de M. l'abbé Gonnelle, deux petits fragments en fer formés de rinceaux terminés par des feuillages estampés peuvent donner une idée très exacte de ce genre de travail.

Les grilles du treizième siècle sont plus légères qu'à l'époque précédente; les enroulements sont beaucoup moins serrés, la matière employée est moins massive, et généralement, avant d'être cintrés, les rinceaux sont passés dans l'étampe à baguette qui imprime au fer un profil mouluré d'un effet agréable à l'œil.

On peut voir au Musée d'Auxerre plusieurs modèles de grilles du treizième siècle qui sont d'un dessin varié et d'une exécution très satisfaisante. Nous citerons encore les clôtures du chœur de l'église de Saint-Germer (Oise) et de la cathédrale de Strasbourg; au surplus, ces deux spécimens des travaux de ferron-

ENTRÉES DE SERRURES EN FER REPOUSSÉ, TRAVAIL DE LA RENAISSANCE FRANÇAISE

MODÈLE DE BALCON COMPOSÉ PAR JACQUES VALENTIN FONTAINE, SERRURIER DU ROI AUX GOBELINS, XVIIIᵉ SIÈCLE nerie présentent une telle analogie qu'ils semblent avoir été exécutés dans un même atelier.

GRILLES DU QUATORZIÈME SIÈCLE

Le quatorzième siècle est une époque de transition, et il semble qu'à ce moment l'industrie se soit sentie fatiguée du vigoureux effort qu'elle avait fait au treizième siècle, car nous trouvons fort peu de modèles que l'on puisse attribuer avec certitude au quatorzième siècle.

Dans son *Dictionnaire de l'Architecture*, M. Viollet-le-Duc donne quelques exemples de grilles de cette époque, qu'il a dessinés dans le magasin où étaient remisés les matériaux provenant de la restauration de la cathédrale de Saint-Denis; notamment un fragment qui explique la transition entre les grilles dont les ornements sont estampés à chaud et les grilles dont la décoration est due à des plaques de fer découpé et repoussé. M. Le Secq des Tournelles avait exposé un petit panneau formé d'ornements quadrilobés qui provenaient également de l'abbaye de Saint-Denis; c'est un joli spécimen de travail de forge, mais on ne saurait le donner comme type des grilles de cette époque.

Dans le Musée d'antiquités de la ville de Rouen, on peut voir les quatre vantaux de fer forgé qui servaient autrefois à fermer le jubé de la cathédrale et qui ont été publiés dans un intéressant article de M. Darcel : *le Journal de Rouen*, 3 et 11 mars 1882.

GRILLES DU QUINZIÈME SIÈCLE

À ce moment, il y a une véritable renaissance dans l'art de la ferronnerie française; de toute part les forges se rallument, les ouvriers reprennent la vieille tradition de bien faire et en peu d'années ils produisent des travaux d'une incontestable valeur. On abandonne l'emploi de l'étampe qui avait été si en honneur au treizième siècle et utilisée encore un peu à l'époque suivante; toute la décoration est formée de plaques de fer battu et ajouré qui donnent aux œuvres de ferronnerie un aspect à la fois plus architectural et permet, dans une surface plane, d'obtenir des plans différents. On commence à cette époque, suivant en cela l'exemple de la sculpture sur pierre, à rechercher l'imitation de la nature et les branches de chêne dont les ferronniers du quinzième siècle ornent leurs œuvres ont une vie qui leur est propre; c'est une véritable végétation exécutée par des artisans qui ont su voir la nature et l'interpréter avec autant de bonheur que d'habileté.

Il faudrait cependant bien se garder d'être exclusif, et au temps de Charles VII et de Charles VIII, on a fait des grilles d'un caractère architectural. Un des plus

charmants spécimens de cet art était exposé dans le salon d'honneur de la
Classe 65 et provenait de l'abbaye de Saint-Magloire ; cette grille, d'un modèle
aussi simple qu'élégant, avait été probablement destinée à fermer une des étroites

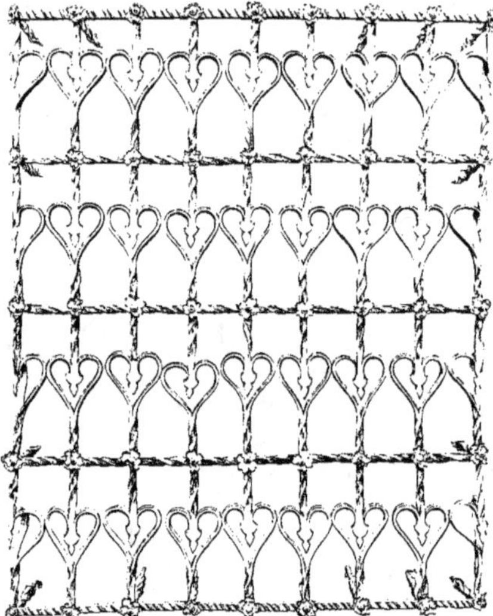

GRILLE PROVENANT DU PALAIS DE JACQUES COEUR A BOURGES
FER FORGÉ XV⁰ SIÈCLE. — COLLECTION DE M. LE SECQ DES TOURNELLES

baies d'une des dépendances de l'église : elle est de forme rectangulaire surmontée d'un arc brisé servant de couronnement à deux montants verticaux ; à
l'intérieur, dans trois cercles juxtaposés, l'artiste a inscrit trois trèfles formés
de bandelettes de fer plié sur champ. Cette disposition ingénieuse sert d'amor-
tissement à quatre barreaux garnis eux-mêmes d'ornements du style flamboyant.

GRILLES DU SEIZIÈME SIÈCLE

A l'époque de la Renaissance on commence à chercher à obtenir avec le fer
un genre de décoration qui eût été plus rationnel avec l'emploi du bois ou de la
pierre ; on peut voir que c'est à partir de ce moment que l'on commence à faire
ce que l'on pourrait appeler de la *menuiserie de fer*.

Les serruriers du seizième siècle ne reculent pas devant l'emploi de tenons
pour l'assemblage de leurs montants ; on a fait toutefois à cette époque quelques
œuvres qui sont encore d'une robuste conception. L'un des plus beaux modèles

que l'on puisse citer sont les grilles de Saint-Sernin de Toulouse, qui sont composées d'une série de barreaux fortement embrevés les uns dans les autres et divisés de distance en distance par de petites frises ornées de découpures en fer rappelant les plus jolies arabesques de la Renaissance.

Au seizième siècle on a recours, pour l'ornementation des grilles, à l'emploi

DEVANT DE FEU COMPOSÉ AVEC LE COURONNEMENT D'UNE GRILLE DU XVII SIÈCLE
COLLECTION DE M. DOISTAU

de gros clous saillants montés sur des platines en fer découpées et gravées. Ces artifices de décoration étaient employés pour rompre la monotonie de ces longs montants en fer uni destinés à assurer la solidité de l'œuvre tout entière.

Les grilles du seizième siècle étaient représentées à l'Exposition de 1900 par la collection de M. Heilbronner et notamment par la belle grille exposée par M. Doistau, dont le travail et la richesse d'ornementation ont fait l'objet d'une admiration unanime.

GRILLES DU DIX-SEPTIÈME SIÈCLE

A la fin du règne de Louis XIII, on a employé les grilles pour les portes monumentales des châteaux et le fer forgé faisait partie des clôtures décoratives des plus beaux jardins à la française.

A partir de ce moment, et jusqu'à la fin du dix-huitième siècle, les panneaux des grilles sont formés de rinceaux habillés de feuillages en fer repoussé ; les ornements sont quelquefois soudés après les gros fers, mais le plus souvent, par

Habit de Serrurier.

mesure d'économie, ils sont maintenus au moyen de goupilles et de rivets. Parfois on a recours à l'emploi du cuivre repoussé ou du bronze fondu pour l'ornementation de ces rinceaux savamment contournés.

Les plus belles grilles du dix-septième siècle que l'on puisse donner comme

GRILLE PROVENANT DE LA CATHÉDRALE D'AMIENS, XVIIe SIÈCLE
COLLECTION DE M. LE Stg DES FOURNELLS

exemples sont les fameuses portes qui avaient été établies pour le château de Maisons, près Poissy, et que tout le monde peut admirer maintenant au Musée du Louvre, où l'une d'elles sert à clore la première des salles destinées aux antiquités romaines, tandis que l'autre se trouve à l'entrée de la galerie d'Apollon. Ces grilles, quelque ce que l'on a écrit à ce sujet, ne peuvent être attribuées à une autre époque qu'au dix-septième siècle, puisque l'édifice auquel elles étaient primitive-

Façon moderne d'une Porte de Jardin
d'après une gravure publiée à Augsbourg, sous Louis XV

ment destinées a été construit par François Mansard (1598-1666). De tout temps, elles ont été considérées comme une œuvre d'art hors de pair.

Dès la fin du dix-huitième siècle, un érudit, qui s'est beaucoup occupé des arts industriels, l'abbé Jaubert, déclare que la somme de 60 000 écus, qui avait été payée pour leur construction, n'avait rien qui puisse étonner, mais il ajoute que,

Exemple de Volutes

de son temps, on pourrait produire le même travail pour un prix bien moins élevé. Il entendait probablement, par là, l'emploi du fer fondu dont la malléabilité venait d'être depuis peu découverte. Il n'est pas de monument qui ne possède encore de beaux exemples de grilles du dix-septième siècle; en raison des services que ces grandes grilles rendent pour les clôtures, elles ont été respectées, et on en trouve dans toute la France de fort beaux spécimens.

Au dix-septième siècle, en dehors des grilles monumentales, l'art du serrurier a été mis a contribution pour la fermeture des baies ouvertes sur la voie publique. On a fait en fer forgé des impostes d'un fort joli travail, et à la dernière Exposition

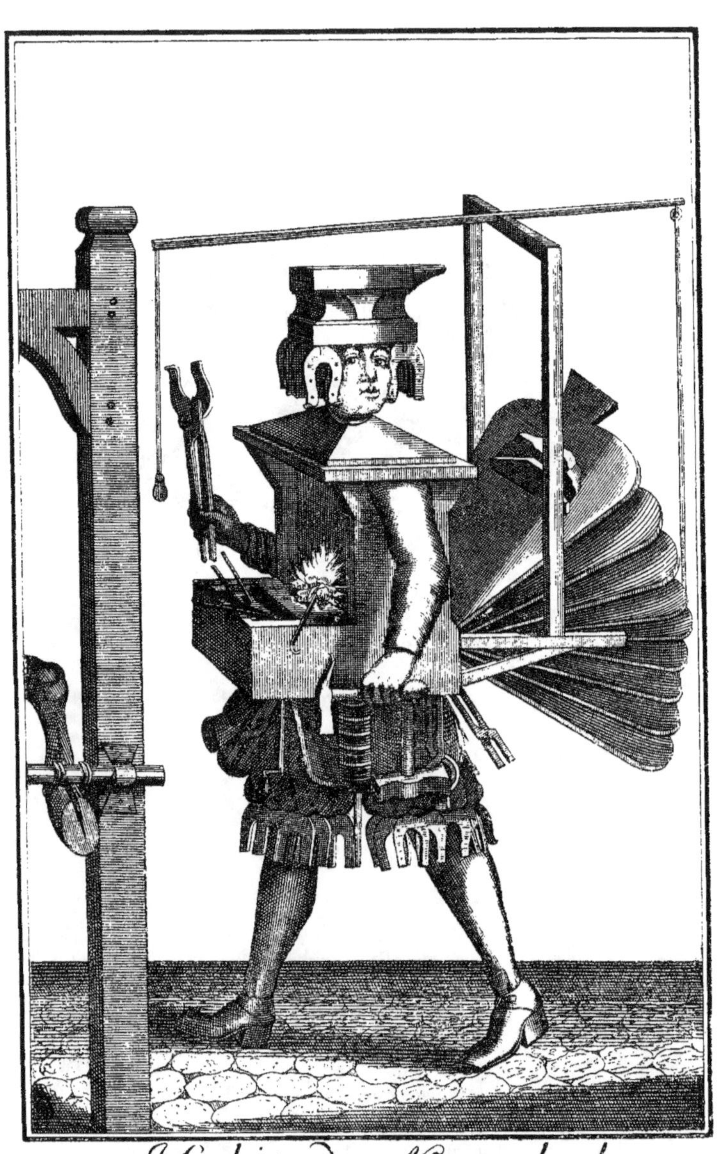

Habit de Marechal.

figuraient notamment les deux grilles surmontées de couronnes ducales provenant de la collection Moreau. Ce sont des œuvres d'art tant au point de vue du dessin que sous le rapport du fini de l'exécution.

GRILLES DU DIX-HUITIÈME SIÈCLE

Le dix-huitième siècle a été une époque particulièrement brillante pour la serrurerie, et à aucun moment on n'a élevé en fer forgé des œuvres aussi monu-

MODÈLE DE BALCON COMPOSÉ PAR JACQUES VALENTIN FONTAINE
SERRURERIE DES MANUFACTURES DES GOBELINS, XVIIIᵉ SIÈCLE

mentales. Au début de ce siècle, on rencontre certes bien des réminiscences empruntées à la décoration en usage sous Louis XIV; dans bon nombre de grilles Louis XV on trouve encore des piliers cannelés rappelant la porte d'entrée

MODÈLE DE BALCON COMPOSÉ PAR JACQUES VALENTIN FONTAINE
SERRURERIE DES MANUFACTURES DES GOBELINS, XVIIIᵉ SIÈCLE

de la grille du château de Versailles; toutefois, les ferronniers du temps de Louis XV se sont peu préoccupés des traditions de l'antiquité; s'ils lui ont fait quelques emprunts, ils ont si bien su se les approprier, ils les ont chargés d'ornements à un tel point, qu'ils ont créé un style particulier à leur époque. On peut avoir, en effet, plus ou moins de sympathie pour le style rocaille, mais on ne peut s'empêcher de reconnaître que jamais auparavant cette sorte d'ornementation n'avait été usitée, ni même connue.

Les grilles du temps de Louis XV se distinguent par leurs rinceaux aux formes contournées, et leurs feuillages quelque peu extravagants ; toutefois, dans l'ensemble d'une décoration bien comprise, ces ornements sont loin d'être dépourvus de charme et d'élégance.

Au temps de Louis XVI, on a fait de belles grilles à l'allure quelque peu compassée, mais qui n'en ont pas moins un grand caractère architectural. Le plus

MODÈLE DE BALCON COMPOSÉ PAR JACQUES VALENTIN FONTAINE
SERRURIER DU ROI AUX GOBELINS. XVIIIe SIÈCLE

beau morceau que l'on puisse citer dans ce genre est la grille du Palais de Justice à Paris, d'un aspect vraiment imposant.

Sous Louis XVI, la ferronnerie a recours aux mêmes ornementations que les autres parties de la construction ; on se sert de guirlandes de laurier ou de feuilles de chêne attachées à leurs extrémités par des nœuds de ruban. On a fait aussi un fréquent emploi des perles et des feuilles d'eau employées soit en ligne droite, soit en spirale à la façon des liserons grimpant le long d'une tige.

Le couronnement des grilles du dix-huitième siècle prend des proportions tout à fait considérables, et il arrive à être quelquefois aussi important que la grille elle-même. L'exemple le plus typique que l'on puisse citer est la grille de l'hôpital de Troyes, qui est d'un beau travail, mais dont le couronnement n'est vraiment pas en proportion avec l'ensemble du monument.

Les grilles du dix-huitième siècle étaient représentées à la Classe 65 par de nombreux exemples ; nous citerons notamment le ravissant modèle de balcon attribué à Jean Lamour, et qui avait été exposé par M. Doistau ; un très intéressant départ d'escalier prêté par M. Ernest Forgeron ; une imposte de la collection de M. Moreau, et de nombreux spécimens exposés par M. Heilbronner.

Il est, en effet, intéressant de constater la diversité des travaux de serrurerie qui se trouvaient représentés dans l'exposition de la « Petite Métallurgie ». Grâce à l'obligeance des nombreux amateurs qui avaient apporté les plus belles pièces tirées de leur collection, les visiteurs pouvaient se faire une idée très précise de ce que doit être le travail du fer forgé, de l'importance qu'il a eue aux différentes époques et de la faveur, si j'ose dire, la période de renaissance dans laquelle cet art semble entrer en ce moment. Il est juste aussi de rendre hommage au zèle infatigable que l'organisateur de cette section a témoigné pour mener à bonne fin une œuvre aussi considérable. La meilleure preuve de la réussite de cette exposition réside dans l'intérêt avec lequel elle a été suivie par les nombreux visiteurs qu'elle a instruits, tout en développant leurs goûts artistiques et leur respect pour toutes ces reliques du passé.

HENRY-RENÉ D'ALLEMAGNE.

ATELIER DE MARÉCHAL-FERRANT AU XVIIIe SIÈCLE (1)

FERS A CHEVAL

Les Grecs et les Romains ne semblent pas avoir employé les fers à clous semblables à ceux dont nous nous servons aujourd'hui.

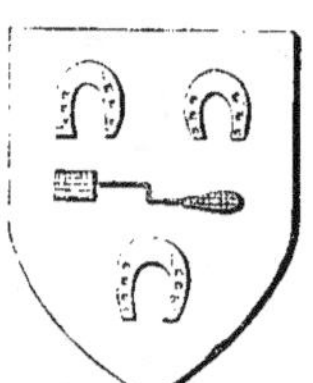

D'ARGENT, A UNE BATTE, DE SABLE, POSÉE EN FACE,
ACCOMPAGNÉE DE TROIS FERS DE CHEVAL
DE GUEULES, DEUX EN CHEFS ET UN EN POINTE 2

Dans certains cas exceptionnels, ils se servaient, pour protéger les pieds de leurs bêtes de somme, d'espèces de chaussures ou hipposandales, comportant l'emploi d'une lame de fer ou de bronze qu'ils attachaient avec des cordes ou des courroies.

---

1 Gravure extraite du Recueil de planches sur les Sciences, les Arts libéraux et les Arts mécaniques. Paris, MDCCLXVII.

2 D'Hozier, Armorial, texte, t. XXV, f° 510; — Blasons, t. XXIII, f° 583.

Nous avions un curieux spécimen de ces hipposandales dans la collection de
M. l'abbé Gonnelle.

Les fers fixés dans le sabot avec des clous semblent avoir été imaginés par
les peuples du Nord de l'Europe et se répandirent lentement dans les contrées
du Midi.

Au neuvième siècle, du temps de Louis le Débonnaire, l'usage n'en était pas
encore définitivement établi.

Pl. I.

ATELIER DE MARÉCHAL-GROSSIER AU XVIII SIÈCLE !

Au treizième siècle, les maréchaux-ferrants étaient encore compris dans l'ensemble des ouvriers travaillant le fer et désignés sous le nom générique de
« fèvres ».

La communauté des fèvres-maréchaux se décomposait elle-même en maréchaux,
greffiers, heaumiers, vrilliers et grossiers.

Dans l'ordonnance du roi Jean, en 1351, les maréchaux sont divisés en fèvres
fabricant les outils, et en maréchaux-ferrants. Puis, les diverses catégories de
fèvres se séparent du métier primitif : les heaumiers se rattachent aux armuriers
dès le quatorzième siècle, et, en 1463, les greffiers, vrilliers et grossiers s'érigent
en communauté à part d'ouvriers en fer, sous le nom de taillandiers, laissant

. . . . Encyclopédie . . . . par . . . . . . Sciences des Arts libéraux et des Mécaniques,
P . . . MDCCLXVII.

désormais aux maréchaux la spécialité du ferrage et du pansage des chevaux.

Les maréchaux-ferrants reçurent trois textes de règlement en 1463, en 1609 par Henri IV, et en 1687 par Louis XIV.

En 1776, l'édit de réformation des communautés distingue les maréchaux dits grossiers qui allèrent avec les serruriers et les taillandiers, et les maréchaux-ferrants qui allèrent avec les éperonniers-formiers. Les deux types de jetons ci-dessous indiquent cette modification du métier.

Le Musée rétrospectif du métal renfermait de curieux spécimens d'enseignes de maréchaux-ferrants dans les collections de MM. le Secq des Tournelles et Heilbronner.

Le principal progrès réalisé dans cette industrie au cours du siècle dernier consiste dans l'invention de machines spéciales prenant le fer à l'état de lopins et le rendant à l'état de fers à cheval entièrement terminés.

ATELIER DE FERBLANTIER AU XVIIIᵉ SIÈCLE 1

QUINCAILLERIE-TAILLANDERIE-FERBLANTERIE

De toutes les industries, la taillanderie est probablement l'une des plus anciennes, car les instruments coupants et perforants sont les premiers dont la civilisation ait eu besoin.

Cette industrie a été renommée en France dès les temps les plus reculés.

Les taillandiers ne se sont nettement séparés des fèvres-maréchaux, qui s'occupaient à la fois du commerce et du travail du fer au treizième siècle, que vers 1463.

À cette époque, au dire même de l'ambassadeur de Venise, la taillanderie de Châtellerault était la première du monde.

Le métier était alors désigné sous le nom de « mestier des grands taillants blancs et vrillerie ».

En 1467, Louis XI appelle les taillandiers « serpiers » ; enfin, sous Charles IX, l'édit de 1582 les classe sous le nom actuel de « taillandiers ou maistres d'œuvres blanches ».

Louis XIII, en 1642, confirme leurs statuts et mentionne pour la première fois les taillandiers en fer blanc et noir, ou ferblantiers.

À dater de cette époque, la communauté des taillandiers prend une grande extension en raison de l'importance chaque jour croissante des quatre spécialités qui la constituaient :

1. Image extraite ... du Recueil de planches sur les Sciences, les Arts libéraux et les Arts mécaniques ... M.DCC.LXXVII.

1° La taillanderie ou fabrication de l'outillage ;

2° La grosserie ou fabrication des ustensiles de cuisine : chenets, pincettes, barres, etc. ;

3° La vrillerie ou fabrication des forets, vilebrequins, fermoirs, burins, tenailles ;

4° La ferblanterie ou fabrication des plats, aiguières, lanternes, girouettes, etc.

En somme, la taillanderie constituait presque à elle seule la quincaillerie, dont le commerce était resté jusqu'au seizième siècle entre les mains des merciers.

C'est au milieu du dix-huitième siècle que se créèrent en province, notamment à Lamécourt, près Sedan, puis à Thiers, Saint-Étienne et Roanne, les premières fabriques modernes d'objets de quincaillerie.

Depuis cette époque, la fabrication de la quincaillerie n'a cessé de se développer en France, notamment dans les départements des Vosges, de la Haute-Saône, du Doubs et de la Somme.

JETONS DE LA CORPORATION DES TAILLANDIERS-FERBLANTIERS, EN 1756
D'AZUR A DEUX ANCRES D'OR PASSÉES EN SAUTOIR SURMONTÉES D'UN FANAL DE VAISSEAU DE MÊME [1]

---

[1] D'Hozier, *Armorial*, texte, t. XXV, p. 208 ; non reproduit dans les blasons. Ces armoiries sont représentées exactement sur le jeton de 1756.

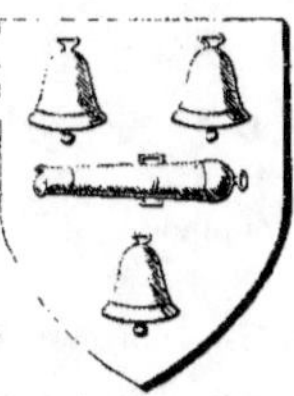

FONTE DE FER

Les fondeurs-mouleurs apparaissent dans le *Livre des Métiers*, d'Étienne Boileau, comme fabricants de sceaux non gravés, lampiers, batteurs d'archal, boucliers, fermaillers, patenôtriers de cuivre, déciers, etc.

Il faut arriver jusqu'à la fin du seizième siècle, sous Henri III, en 1572, pour trouver un premier texte des règlements de cette corporation.

À cette époque, le travail de la fonte des métaux s'applique à une foule d'objets de toute nature : objets sacrés, bouclerie de harnais et de chaussures, fermoirs, dés à coudre, cloches, sonnettes, lampes, réchauds, armes, etc.

Le texte de 1572 est le premier et le seul pour le métier des fondeurs : il n'a été modifié que par des arrêts spéciaux, fait assez rare, qui tient probablement à ce que les fondeurs travaillaient toujours au compte d'autres métiers.

En 1610, un arrêt régla la délimitation du travail entre fondeurs et chaudronniers : le potin, le métal des cloches et le fer fondu devaient appartenir simultanément aux deux métiers.

Les fondeurs se réservaient les colonnes, crosses, lutrins, cloches d'églises et pièces d'artillerie ; les chaudronniers, toutes les pièces entrant dans les objets de leur fabrication.

Diverses sentences en 1682, 1691, 1717, 1745, 1766 intervinrent pour régler les droits de maîtrise et les droits de propriété des modèles ; enfin, en 1776, un édit réunit en une seule communauté les fondeurs-doreurs et graveurs sur métaux.

La confrérie des fondeurs remonte à 1443, et a eu de tout temps une certaine importance. Elle était dédiée à saint Hubert et à saint Éloi, et le jeton représentait le miracle de saint Hubert.

1. Delisle, [illegible], t. XXV, [illegible].
   B[illegible], t. XXVI, [illegible].

La fonte dite « de seconde fusion », la seule qui fût du ressort de la Petite Métallurgie, s'obtenait autrefois presque exclusivement dans des fourneaux à creusets.

L'emploi des fours spéciaux appelés cubilots a été un perfectionnement important dans sa production.

Les nombreuses améliorations apportées à la disposition de ces fours, jointes à l'invention des machines à mouler, constituent les derniers progrès réalisés dans cette branche de la Petite Métallurgie.

Parmi les applications les plus anciennes de la fonte de fer, il convient de signaler les plaques de cheminées dont plusieurs collections intéressantes figuraient dans le Musée rétrospectif de la Petite Métallurgie.

PLAQUES DE CHEMINÉES

Les plaques qui revêtent les contre-cœurs des cheminées et les protègent contre les ardeurs du foyer ne sont point antérieures à l'époque de la Renaissance ; elles sont aussi connues sous les noms de *taque*, *contre-feu* et *bretaigne*.

Cette dernière dénomination semble venir de la province de Bretagne, dont dépendait alors la ville de Villedieu-les-Poêles, où l'on fabriquait un grand nombre d'ustensiles en fonte.

Les premiers comptes royaux qui en font mention sont ceux de 1541, dans lesquels il est dit qu'il a « esté fait au château de Saint-Germain, dans la chambre de la Royne, un contre-cœur en fer de fonte, où est figuré un Hercules scellé avec huit grosses pattes ».

Le plus grand nombre des plaques de cheminées est en fonte de fer, mais on en connaît aussi en terre cuite, en pierre et même, quoique plus rarement, en cuivre et en bronze.

Leur ornementation est toujours en rapport avec la décoration des appartements ou le style de l'époque ; quelques-unes même, à cause de leur valeur artistique, mériteraient d'être l'objet d'une étude toute spéciale.

Bon nombre de plaques mises à la disposition du Musée rétrospectif par MM. Torri, Pichon, Gladel, H. D'Allemagne, Déchard et Forgeron, sont œuvres de véritables artistes.

Elles offrent, comme on en peut juger par les planches ci-jointes, des tableaux décoratifs dont les sujets ou les accessoires, variant suivant le temps, déterminent l'époque à laquelle elles appartiennent.

Aux motifs d'ornements qui caractérisent le style de la Renaissance : rinceaux, médaillons, arabesques et entrelacs, succède toute une série de représentations empruntées à l'histoire sacrée, à la mythologie ou à l'art héraldique.

Les produits de la fin du seizième siècle se ressentent souvent de l'influence des idées religieuses réveillées au temps de la Réforme ; chaque règne de cette époque est nettement indiqué par la forme des écussons, des couronnes, des fleurs de lis. A dater de Henri IV, l'adjonction des armes de Navarre, la lettre initiale H, et plus tard les L couronnées, permettent de classer les plaques aux armes royales, tout comme l'emblème du soleil, les nombreuses devises adoptées par Louis XIV caractérisent les spécimens appartenant à la seconde moitié du dix-septième siècle. Quant aux plaques de foyer du dix-huitième siècle, les motifs de leur ornementation et de leurs encadrements, leur style rocaille ou rococo, la nature parfois un peu légère des sujets représentés, classent le plus grand nombre au règne de Louis XV. Quelques spécimens plus rares appartiennent à celui de Louis XVI ; d'autres enfin rappellent l'époque de la Révolution, qui proscrivit et condamna à la destruction toutes les plaques artistiques ou non qui pouvaient rappeler le souvenir de la féodalité ou représentaient l'écu de France.

Fort heureusement, quelques possesseurs de ces plaques, comprenant l'intérêt artistique qu'elles présentaient, se contentèrent de les retourner, et, grâce à cette idée ingénieuse, nous en possédons encore de fort beaux spécimens.

COLLECTION DE M. LE SECQ DES TOURNELLES

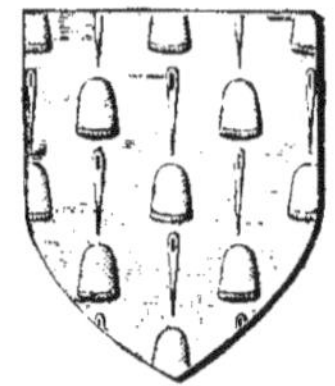

ÉPINGLES ET AIGUILLES

Les inventaires du Moyen Age attestent l'usage fréquent des épingles; ainsi, dans les comptes de l'Argenterie de Guillaume Brunel, de 1347, on voit signalés

FABRICATION DES AIGUILLES AU XVIIIe SIÈCLE

1. Coupeur. — 2. Perceur. — 3. Troqueur. — 4. Palmeur. — 5. Trempeur. — 6. Recuiseur. — 7. Évideur et pointeur. — 8. Polisseur.

quatre milliers d'épingles achetés en janvier, en mai, en juin, pour « l'atour de la Royne » à Jehan le Braconnier, épinglier. A cette époque, les épingles se vendaient couramment 6 sols parisis le millier. Les épingliers fabriquaient également les dés à coudre, les épingles ou broches à pierres et à boutons.

1. D'Hozier, Armorial, texte, t. XXV, fol. 337; Blasons, t. XXVIII, ... Vincent ... et aux aiguilliers.

FABRICATION DES AIGUILLES AU XVIIIᵉ SIÈCLE

1. Ouvrier polisseur. — 2. Lessivage après polissage. — 3. Séchage au vase. — 4. Triage. —
5 et 6. Ouvriers polisseurs. — 7. Empointage.

ATELIER D'AIGUILLIER-BONNETIER AU XVIIIᵉ SIÈCLE 1

1. Enclume à dresser le fil. — 2. Fabrication du bec des aiguilles. — 3. Perçage. — 4. Brunissage.
5. Blanchissage des aiguilles. — 6. Ouvrière palmant les aiguilles.

1. Gravure extraite du Recueil des planches sur les Sciences, les Arts libéraux et les Arts mécaniques.
Paris, MDCCLXVII.

Ce métier avait reçu ses statuts d'Étienne Boileau, au treizième siècle, et nous les trouvons relatés dans le *Livre des métiers*, avec quelques additions d'articles dus à Guillaume Thibout, confirmés par Philippe de Valois et Jean le Bon.

Au quinzième siècle, des modifications furent apportées à leur règlement par Charles VI et Guillaume de Tignouville ; le texte ne nous en a pas été conservé.

Durant le seizième siècle, nous ne trouvons aucune mention de leur métier, et il faut arriver jusqu'en

FABRICATION DES ÉPINGLES AU XVIII⁰ SIÈCLE

Étirage du laiton. — Décapage.

1601, sous Henri IV, pour trouver le renouvellement de leurs statuts.

Les aiguilliers-aléniers adhérèrent à leur communauté en 1695 ; mais néanmoins le nombre des maîtres diminuait chaque année, et le *Guide des Marchands* de 1766 constate que, même après cette réunion, les épingliers comptant autrefois deux cents maîtres sont réduits au nombre de quatre-vingt-quatorze.

FABRICATION DES ÉPINGLES AU XVIII⁰ SIÈCLE

2. Dresseur. — 3. Coupeur des dressées. — 4. Coupeur des tronçons. — 5. Empointeur. 6. Tourneur de l'empointeur. — 7. Repasseur. — 8. Tourneur du repasseur. — 9. Tourneur des têtes [1].

En 1776, leur communauté se perdit avec celle des cloutiers-ferrailleurs.

Les gravures ci-jointes extraites du *Recueil sur les Sciences, les Arts libéraux et les Arts mécaniques*, publié à Paris au dix-huitième siècle, permettent de se rendre compte des multiples manipulations que nécessitait alors la fabrication des épingles et des aiguilles.

La fabrication des aiguilles a été longtemps l'apanage de l'Angleterre et de l'Allemagne.

La première fabrique d'aiguilles créée en France a été établie à Mérouvel, près

1. Gravures extraites du *Recueil des planches sur les Sciences, les Arts libéraux et les Arts mécaniques*, Paris, MDCCLXXII.

Laigle (Orne); et, depuis, cette industrie a pris dans cette ville et aux environs un développement considérable.

Les produits français luttaient déjà avec succès contre ceux de l'étranger et les moyens de production avaient reçu de remarquables perfectionnements;

FABRICATION DES ÉPINGLES AU XVIIIe SIÈCLE

1. Jaunissage des épingles. — 2. Séchage. — 3. Vannage. — 4 et 5. Séchage et blanchissage dans le sac à frotter. — 6. Coulage de l'étain en plaques. — 7. Recuit des têtes d'épingles. — 8. Coupage des têtes. — 9. Plaques d'étain servant au blanchissage. — 10 et 11. Blanchissage à la chaudière. — 12. Frappeurs mettant les têtes aux épingles.

néanmoins, par une singulière bizarrerie de la routine, les fabricants de Laigle avaient conservé l'habitude de mettre sur les paquets qu'ils livraient au commerce des étiquettes libellées en anglais pour assurer à leurs produits la même faveur qu'à ceux d'importation anglaise. Dans ces dernières années quelques-uns n'ont pas craint de rompre avec la routine et sont entrés victorieusement en lutte avec la fabrication anglaise grâce à de nouveaux perfectionnements, notamment à l'emploi de machines automatiques spéciales permettant de réduire à un très petit nombre les manipulateurs de l'aiguille qui autrefois passait par les mains de plus de soixante ouvriers.

Ces résultats remarquables sont dus en grande partie à M. B. Bohin, qui avait bien voulu mettre à notre disposition un certain nombre de tableaux donnant les premiers spécimens de la fabrication des usines de Laigle.

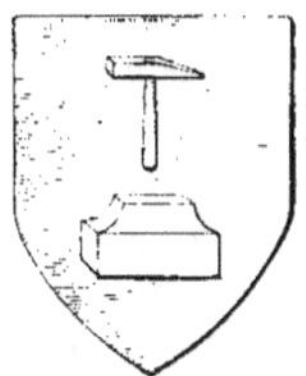

ARMOIRIES DES FERREURS D'AIGUILLETTES

Gueules, un marteau emmanché d'or et soutenu en chef, et en pointe une enclume d'argent.

LES TÔLES LAQUÉES

MM. C. Groult, F. Carnot et Jouanest avaient bien voulu mettre à notre disposition d'intéressants spécimens de verrières, jardinières et corbeilles en tôle laquée datant pour la plupart de la fin du dix-huitième siècle et de la première moitié du dix-neuvième.

L'emploi des vernis pour la décoration des objets en fer, cuivre et même en étain, très répandu à cette époque, semble avoir été la conséquence de la vogue obtenue par le mode particulier de peinture qui a conservé le nom de son inventeur, Martin, célèbre ébéniste du règne de Louis XV, dont les rares pièces subsistantes sont si recherchées dans les collections de curiosités.

Les plaques vernies à sujets ou à paysages que la Chine et surtout le Japon avaient envoyées en Europe au dix-huitième siècle avaient conquis la mode. Mais, comme on ne connaissait aucun moyen d'imiter ces précieux produits, on en était réduit aux importations orientales rares et coûteuses. Les ébénistes des dix-septième et dix-huitième siècles cherchèrent longtemps le secret du vernis et des laques. Seuls, les Martin obtinrent des résultats satisfaisants et, dès le commencement du dix-huitième siècle, cette famille possédait plusieurs ateliers à Paris, faubourg Saint-Martin, faubourg Saint-Denis et rue Magloire. En 1744, Simon-Étienne Martin obtint, par arrêt du Conseil, le monopole exclusif pour vingt ans de la fabrication des ouvrages en imitation de la Chine et du Japon. Les imitations des Martin étaient excellentes; elles semblent avoir porté principalement sur les laqués noirs décorés en or. C'est alors qu'ils inventèrent, pour remplacer les laques, leur fameux vernis qui jouit d'une si grande faveur jusqu'à la fin du règne de Louis XVI que sa cherté était proverbiale et que la plupart des écrivains qui ont reproché son luxe à la société du dix-huitième siècle ont pris le vernis pour sujet d'épigramme.

Le mérite des objets en tôle laquée provient presque exclusivement des peintures artistiques qui les décorent.

Depuis le premier Empire la décoration à l'aide de la peinture vernissée a été plus particulièrement appliquée aux menus articles de toilette, aux ustensiles de ménage. De nos jours, la fabrication des articles de fantaisie connus sous le nom de chinoiseries assure à cette industrie un important débouché.

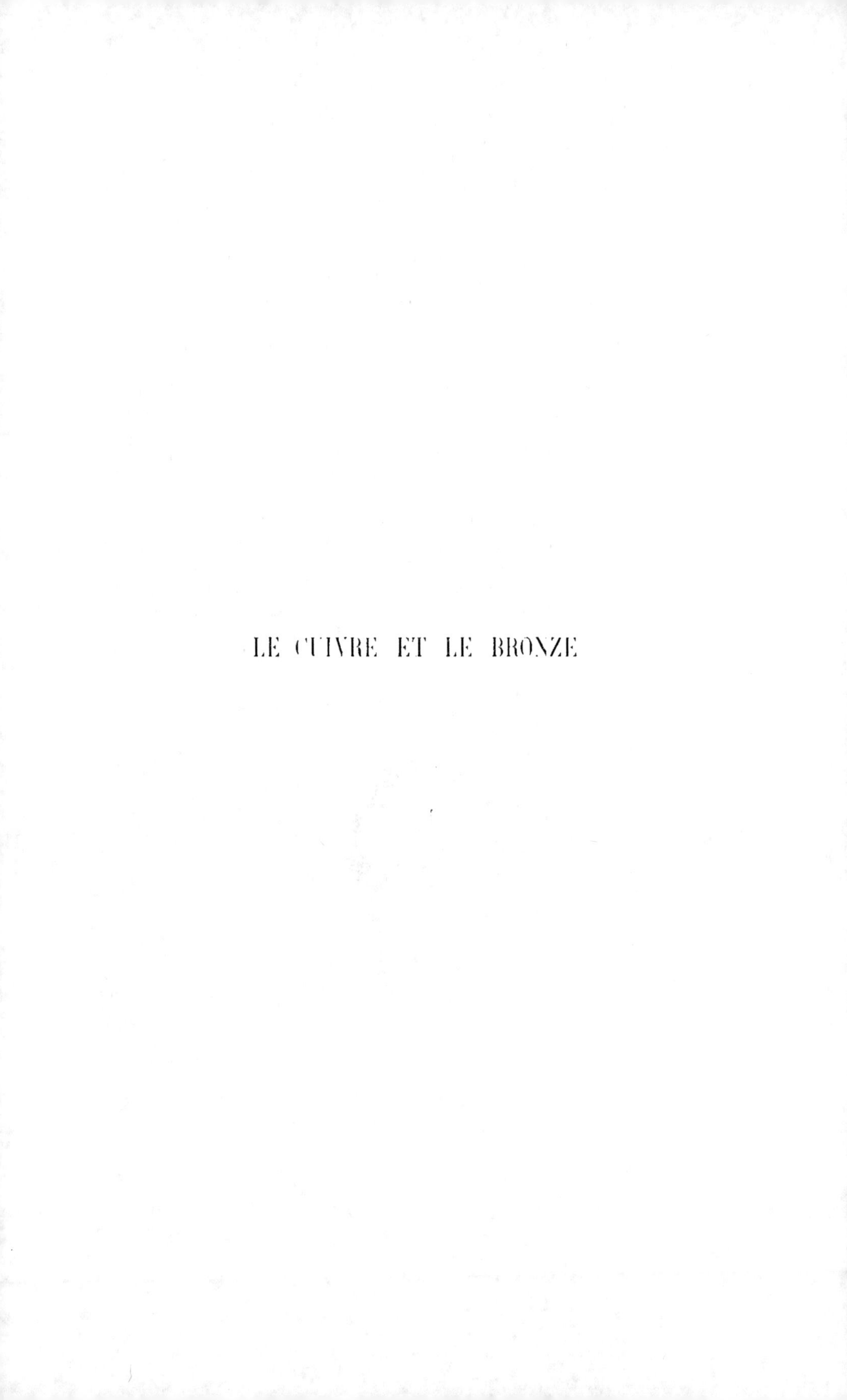

LE CUIVRE ET LE BRONZE

ATELIER DE CHAUDRONNIER AU XVIII⁰ SIÈCLE.

LE CUIVRE ET LE BRONZE

APPLICATIONS USUELLES

Une civilisation ne tire pas son intérêt principal des ouvrages exceptionnels qu'elle a pu produire. C'est par les objets usuels que son mérite artistique se révèle : l'art s'y montre non comme une conséquence du luxe, comme une source de jouissances réservées à quelques privilégiés ; il est, au vrai sens du mot, *populaire*, parce qu'il intervient dans toutes les œuvres, même les plus humbles, parce qu'il procure à tous, en développant le goût des belles choses, la satisfaction que peut éprouver tout être humain lorsqu'il s'élève jusqu'à l'idée de perfection.

C'est peut-être dans les civilisations primitives que ce sentiment de l'art est le plus développé, parce que l'artiste y subordonne toujours la forme à la destination de l'objet, parce qu'il en déduit les proportions, c'est-à-dire les rapports de grandeur, et qu'il lie absolument le décor à la structure.

Prenez un de ces gobelets à patine vert azuré ou bleuâtre qui figuraient dans la collection Hoffman, et qui provenaient de Corchiano ou du lac de Némi. Leur intérêt est presque tout entier dans leur forme : leur décor se réduit sur le bord

l'Encyclopédie, par Diderot et d'Alembert, publiée à Paris, de MDCCLI à MDCCLXVI. Paris, MDCCLXIII.

à une rangée d'oves, vers le pied, à une tresse de style ionien, et ce décor, compris tout entier dans le profil, ne semble avoir d'autre but que de le faire valoir.

Si variées que soient les formes, elles sont toujours bien déduites de la destination : par exemple s'il s'agit d'un vase grec, les rapports entre le col et la panse, le mode d'attache et la décoration des anses sont si bien étudiés, que la perfection de la forme rend manifeste la destination de l'objet. Cela est apparent dans toutes les œuvres anciennes.

VASES ANTIQUES EN BRONZE. COLLECTION DE LA BIBLIOTHÈQUE NATIONALE

Applications usuelles du cuivre et du bronze dans l'antiquité.

On confond trop aisément sous la même dénomination, lorsqu'il s'agit d'œuvres anciennes, le cuivre et ses alliages.

Le cuivre pur est un métal assimilable au fer, susceptible comme lui d'être forgé, soudé, aminci en feuilles, embouti et martelé. Ces qualités subsistent, mais à un degré moindre, dans l'alliage de cuivre et de zinc, dans le laiton ou « cuivre jaune », malléable et moins tenace que le cuivre pur, ou « cuivre rouge ».

Quant au bronze, alliage qui dans l'antiquité ne comptait guère avec le cuivre d'autres métaux que l'étain et le plomb, ses qualités le rendaient surtout apte à la fonte dans un moule, à la ciselure et à la gravure. D'ailleurs les métaux étrangers n'entraient point dans la composition de l'alliage suivant des proportions définies. C'est le minerai, plus ou moins riche en métaux autres que le cuivre, qui fournissait l'alliage.

Si l'on en juge par la découverte d'objets de grandes dimensions dans les fouilles pratiquées soit en Egypte, soit en Chaldée, il semble qu'il faille faire remonter à plusieurs milliers d'années avant l'ère chrétienne l'usage du bronze fondu. *Mission de M. de Sarzec en Chaldée et de M. de Morgan en Perse.*)

Dans certains pays, le cuivre existe à l'état natif comme l'or. Peut-être faut-il attribuer à cette circonstance l'emploi très ancien de ce métal dont les méthodes de travail, au moins pour le cuivre pur, ne diffèrent pas beaucoup de celles usitées pour les métaux précieux.

Si rudimentaire que fût la métallurgie, des métaux tels que le fer et l'or pouvaient être fondus et coulés en tables. Le battage réduisait ces tables en feuilles qu'on pouvait marteler suivant une forme et qu'on reliait par des rivures. Le cuivre, tantôt développé, tantôt rétreint, se prête à toutes les formes. Le procédé du martelage, encore en usage dans la chaudronnerie, n'a guère varié depuis l'antiquité. On part toujours d'un disque de métal qu'on travaille au marteau de la main droite, le frappant à petits coups, pendant que la main gauche donne à la feuille un mouvement de rotation régulier autour du centre ; la feuille de métal est frappée sur des enclumes ou « tas » de formes variées, mais arrondies et polies, que parfois même on garnit de flanelle pour éviter, s'il s'agit d'une pièce délicate, que les coups de marteau ne laissent des traces trop apparentes.

Le métal rétreint se plisse et les coups réguliers font disparaître ces plissures en ramenant sur lui-même le cuivre qui augmente d'épaisseur. Le changement des formes amène le développement du métal préalablement rétreint. Le cuivre qui s'écrouit sous le marteau deviendrait cassant s'il n'était fréquemment recuit.

Le procédé du martelage de cuivre a été employé, semble-t-il, concurremment avec le procédé de la fonte du bronze dans toutes les civilisations anciennes. Le martelage du cuivre paraît être d'origine orientale, et c'est encore en Orient que de nos jours les feuilles de cuivre ou de laiton, martelées, repercées à jour et gravées, sont le plus employées. Si, dans la Grèce antique, le bronze avait été préféré au cuivre pour la statuaire et pour les objets usuels, cependant, dans la civilisation étrusque, qui a d'évidentes affinités avec l'art grec archaïque, les armes défensives, les vases mêmes sont souvent en cuivre martelé.

La forme que les Grecs affectionnaient pour les vases de grandes dimensions est celle qui développe la panse sous un col assez bas aux bords élargis, donnant appui aux anses. Si le vase était lourd, les attaches de l'anse se développaient, et cette nécessité de structure était rendue sensible par la décoration. Presque toujours ces anses étaient fondues, même lorsque le vase était en métal martelé. Quelquefois l'anse était mobile et s'engageait dans les évidements de supports solidement fixés au vase.

Le décor des anses était très varié ; tantôt c'était une figurine bien cambrée ; tantôt une console galbée, enrichie de têtes ou de palmettes qui accentuaient les attaches.

Les poignées des « patères » ou coupes plates sont aussi bien combinées que celles des vases pour maintenir solidement le bassin. À cet effet, la poignée se prolonge par une sorte de patte rivée sous la patère afin de mieux en porter le poids. C'est la disposition d'une jolie poignée grecque de style archaïque conservée au Louvre ; elle est formée d'une petite figure surmontée d'un coussinet qui se fixait au bord supérieur du bassin.

Les cuillers, ou puisettes, n'étaient pas moins délicatement ornées. L'une d'elles conservée au Louvre est un type de composition décorative. Une figurine en bas-relief l'enrichit à la naissance du manche, qui se termine par une sorte de fleur rendant sensible l'augmentation de largeur indispensable au raccordement du manche effilé avec la puisette.

Les fouilles exécutées dans les villes ensevelies du golfe de Naples ont enrichi le Musée de cette ville d'objets en bronze de toutes sortes, témoins irrécusables de la vie des Romains aux premiers temps de l'Empire, et c'est encore l'art grec qui, à cette époque, fournit tous les éléments du décor.

On y trouve des objets mobiliers très variés, mais principalement des appareils de chauffage, trépieds soutenant des bassins de cuivre, dont les anses et les supports sont en bronze fondu, seaux à anse, brûle-parfums, etc.

On y trouve jusqu'à une table rectangulaire de bronze à supports articulés. Le cuivre et le bronze étaient aussi utilisés pour les sièges pliants.

Les objets de toilette en cuivre ou en bronze ne sont pas moins nombreux : ce sont des miroirs, des boîtes à bijoux et mille autres menus objets.

Souvent le miroir est porté sur un pied, et, suivant la tradition égyptienne, c'est une femme nue ou drapée qui le soutient (miroirs du musée d'Athènes, du musée du Louvre, etc.). Ces miroirs à pied sont en bronze. Les miroirs à main sont les plus nombreux. Ils sont généralement en cuivre embouti, lisses sur la face convexe qui paraît avoir été étamée, mais décorés de fines gravures sur la face concave. Les manches des miroirs à main se raccordent avec le disque par une partie élargie dont le bord relevé prolonge le bord du miroir. Une courbe élégante accuse la naissance de la tige qui forme la poignée.

On peut encore apprécier sur les « cistes », ou boîtes à bijoux provenant des tombeaux étrusques, l'habileté des artistes de race ou de tradition helléniques pour le travail des métaux ; leur sentiment très juste de la décoration se révèle par les oppositions des ornements gravés sur le coffre avec les formes souples et les reliefs des poignées.

Les Romains ont exagéré pour le décor des objets usuels l'emploi des figures ou des animaux, et trop souvent le décor ne s'applique pas parfaitement à la forme ni à la destination de l'objet.

Ainsi, dans l'antiquité, l'art intervenait en toutes choses, aussi accessible aux objets usuels qu'aux œuvres de luxe. Il en fut de même dans toutes les civili-

sations orientales ou occidentales pendant la période du moyen âge, et c'est surtout dans les œuvres françaises qu'est manifeste l'harmonie entre l'idée et l'ex-
pression, entre la destination et la forme.

Objets usuels de cuivre et de bronze dans l'art français au moyen âge.

Dès le début de la grande époque artistique qui révèle, du onzième au seizième siècle, la prééminence de l'art français en Occident, on connaissait pour
le bronze les procédés de la fonte dite à cire perdue. Quant au cuivre, on le
forgeait comme le fer en assemblant entre elles les pièces forgées par des rivures,
mais on le travaillait surtout au
marteau et c'est peut-être à ce
procédé laissant la plus grande
part d'initiative à l'artisan, que
nous devons tant d'œuvres exquises.

L'artisan qui martèle la feuille
de cuivre crée complètement la
forme, forme de coupe, de vase
ou d'aiguière. S'il veut pousser
plus loin le décor de la forme
créée, il exécute sur la même
feuille, après un tracé préalable
qui en limite les contours, des
ornements en ciselure au repoussé, dont les masses saillantes
sont obtenues à la « recingle » :
on nomme ainsi l'outil coudé
dont une extrémité, serrée dans
un étau, est frappée par l'artisan,
tandis que l'autre extrémité, introduite à l'intérieur du vase,
repousse par contre-coup le mé-

AIGUIÈRE PERSANE

tal fournissant les saillies que le ciseleur reprend ensuite pour leur donner leur
forme définitive.

C'est ce travail de ciselure au repoussé qui fut pratiqué en France pendant
toute la période du moyen âge et qui convient parfaitement au décor d'un métal
uni que, dont l'effet ne peut résulter que des jeux d'ombre et de lumière.

En Orient, particulièrement dans l'art persan et dans l'art arabe, la forme une fois donnée n'est pas modifiée par les reliefs. Le décor est un décor de surface dessinant des méandres rectilignes ou curvilignes, disposés par zones et dans lesquels s'intercalent, ici des médaillons garnis de figures, là des inscriptions en beaux caractères, enchevêtrées ou enlacées par des fleurettes ou des feuilles.

Les fonds sont remplis d'émail noir et souvent des lamelles d'argent et d'or, incrustées dans le cuivre ou le bronze, enrichissent la surface. Ce décor de damasquinage était en usage dès l'époque qu'on a appelée « Mycénienne » et qui correspond au développement d'une civilisation d'origine orientale sur tout le littoral de la mer Egée.

Sur les poignards de bronze trouvés à Mycènes, des scènes de chasse ou des méandres curvilignes sont dessinés par incrustation de métaux précieux dans le bronze. C'est le même procédé qu'employaient les artisans mérovingiens ou car-

COQUEMARS ET VERSEUSE EN BRONZE. — XIVe ET XVe SIÈCLES
COLLECTION DE M. HENRY RENÉ D'ALLEMAGNE

lovingiens pour le décor des agrafes ou des boucles de ceintures. (Collection Caranda et Musée de Saint-Germain.)

A l'époque où s'établirent des relations suivies entre l'Orient et l'Occident après les croisades, le décor a la damasquine se développa en Italie, en France, en Espagne, et au début du seizième siècle les ornements désignés sous le nom d'arabesques qu'on gravait sur les coffrets ou sur les vases ont d'évidents rapports avec les ornements d'ouvrages similaires exécutés en Perse ou en Egypte.

Bien que le bronze et le cuivre aient été employés concurremment en France pendant tout le cours du moyen âge, le travail du cuivre au marteau est celui qui jouit de la plus grande faveur. Il se prêtait, en effet, a toutes les combinaisons.

Les Byzantins et après eux les Italiens avaient utilisé les feuilles de cuivre ajourées et repoussées au marteau pour le revêtement des portes. Les feuilles formaient des panneaux enrichis de figures ou d'ornements qui étaient cloués sur la porte en bois, et réunis par des couvre-joints dont un motif saillant, mascaron ou rosace, masquait la rencontre. Portes à Saint-Zenon de Vérone, à la cathédrale de Ravello, à la cathédrale de Trani, etc., etc.

On fit de même des châsses, des reliquaires en cuivre repoussé, et lorsqu'au douzième siècle l'orfèvrerie religieuse prit en France le plus grand essor, c'est encore en cuivre martelé et repoussé qu'on exécuta les crosses épiscopales, les

croix processionnelles, les calices, les patènes, tous objets qu'on doit tenir en main et dont la légèreté est une qualité essentielle.

En même temps s'était développé le goût pour la décoration polychrome, et les ornements gravés se garnissaient d'émaux pulvérulents que le passage au feu liquéfiait et fixait dans les creux du métal.

Lorsque l'art français s'affranchit pour les thèmes du décor de l'influence orientale, lorsque, dès la fin du douzième siècle, les artistes interprétèrent pour le décor de tous les objets la flore et la faune françaises, les méthodes de travail se perfectionnèrent en même temps que se développait le goût des artistes et les procédés

1. Cliché de M. Rantin, pharmacien de l'Hôtel-Dieu de Beaune.

112

de fonte du bronze à cire perdue, aussi bien que ceux du martelage et du repoussage du cuivre furent pratiqués suivant la destination des objets. Ainsi, dans une même pièce, des parties telles que les pieds et les anses, exposées aux chocs, étaient fondues, tandis que d'autres étaient embouties ou martelées, d'autres encore estampées en matrice.

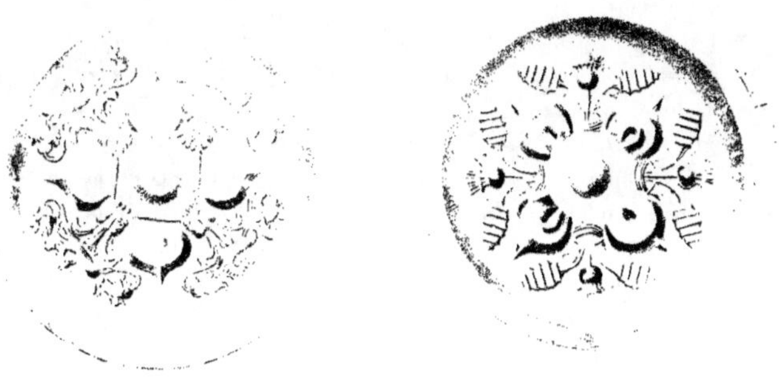

L'emboutissage était toujours fait au marteau et la forme résultait du travail manuel. L'emboutissage au tour ou au balancier, usité actuellement, donne un travail plus régulier, mais certainement moins solide, parce qu'il a l'inconvénient de développer le métal dans un seul sens.

Les vases en cuivre martelé sont nombreux dans les collections et tous ceux qui datent du treizième, du quatorzième et du quinzième siècle, alors même qu'ils ne sont enrichis par aucun ornement, ont des formes si bien appropriées à leur usage que leur caractère artistique est indéniable.

L'intérêt est plus grand encore lorsque ces objets ont été conservés dans l'édifice dont ils dépendaient. C'est ainsi qu'à l'Hôtel-Dieu de Beaune, la cuisine et le laboratoire de pharmacie conservent presque intacts leurs ustensiles primitifs, vases de cuivre, aussi élégants de formes que les vases antiques et aussi bien appropriés aux différents usages, écuelles, mortiers de bronze, cuillers, alambics pour la distillation, etc., etc.

Ce sont des objets similaires qui avaient été réunis dans le Musée rétrospectif de la Classe 65 ; ils étaient tirés pour la plupart des collections importantes de M. Guérin, de M. H. D'Allemagne, de M. l'abbé Gonnelle, de M. E. Alix, de M. V. Mathiot, etc.

Parmi les pièces les plus intéressantes sont des plats en cuivre martelé collection Guérin, les uns délicatement ornés sur les bords pour faire valoir un motif

central beaucoup plus riche, formé de rosaces, de godrons, parfois d'armoiries.
La vaisselle d'argent et la vaisselle de cuivre sont assimilables. Si l'on considère
en effet ces objets, datant pour la plupart du quinzième ou du seizième siècle, c'est
en ciselure au repoussé que sont exécutées les rosaces en forme d'ombilic et les
feuilles délicates qui les accompagnent. Comme pour rendre plus sensible l'exécution au marteau, le milieu de chaque plat garde visible le point de centre du
disque qui a servi de repère pendant le tracé.

Il est difficile de donner une attribution certaine à ces plats qu'on a appelés
plats d'offrande, quoique les reliefs importants du creux semblent en contradiction
avec la destination assignée.

Ce qui est certain, c'est qu'on peut les considérer comme des types de composition bien ordonnée. La distribution des motifs principaux et des motifs secon-
daires est bien étudiée pour faire valoir le décor du plat en tirant parti de toutes
les ressources que peut donner le procédé d'exécution. Peut-être ces prétendus
plats d'offrande étaient-ils des motifs de décoration comme furent certains plats de
faïence aux reliefs si développés qu'il est difficile d'admettre qu'ils aient jamais
été utilisés pour la table.

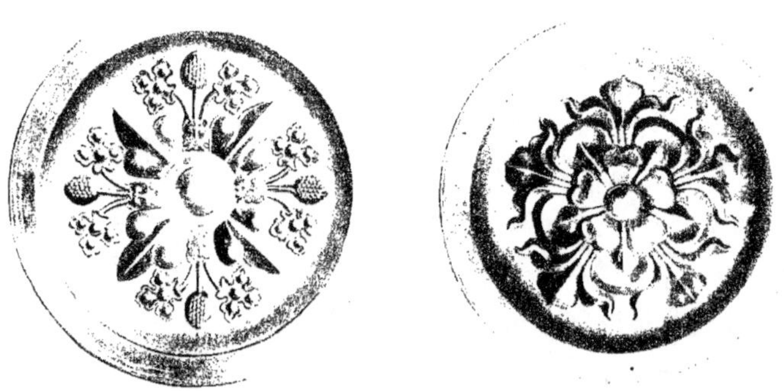

PLATS EN CUIVRE DU XVe SIÈCLE
COLLECTION DE M. E. GUÉRIN

La collection Guérin offrait encore un excellent choix d'ustensiles de cuisine
en cuivre repoussé, cuillers, moules à gâteaux, plats et écuelles, casseroles,
bouillottes, etc. Chacun de ces objets est remarquable par l'appropriation de la
forme à l'usage et en même temps par l'habile distribution du décor qui intervient
généralement pour rendre sensibles les changements de formes et laisser valoir
les belles surfaces de métal sur lesquelles se reflète la lumière.

Les collections de MM. V. Mathiot et de Gennes, riches en pièces d'étain, conte-
naient aussi quelques objets de cuivre, et notamment quelques beaux couvercles de

bassinoires en cuivre martelé, repercé et ciselé. Quelques-uns de ces couvercles sont vraiment des ouvrages d'orfèvrerie; ils sont tout à l'honneur des artisans qui faisaient de belles choses parce qu'ils aimaient leur métier et aussi parce que le travail mécanique n'avait pas transformé l'artisan en serviteur aveugle d'un outil.

Ces couvercles de bassinoire du quinzième et du seizième siècle ont naturellement séduit tous les gens de goût et ces pièces sont encore conservées dans un grand nombre de collections, entre autres dans celle du sculpteur ornemaniste, M. Désiré Bloche.

Il eût été intéressant de pouvoir exposer à côté d'ouvrages français quelques œuvres orientales, telles qu'en possède M. Paul Garnier. Dans sa collection de vases, de coupes, de boîtes, de bougeoirs, dont les formes élégantes sont respectées par le décor le plus riche que puisse donner le damasquinage d'or et d'argent, quelques pièces en petit nombre se rapprochent, par la sobriété de la décoration, de nos œuvres françaises, et c'est peut-être pour cela qu'elles nous intéressent davantage. Je citerai entre autres objets une coupe sans pied dont le décor linéaire est d'une très grande pureté; ce décor s'applique au fond de la coupe,

BASSIN EN CUIVRE GRAVÉ INCRUSTÉ D'ARGENT
EXÉCUTÉ POUR HUGUES IV, ROI DE JÉRUSALEM ET DE CHYPRE (1324-1359)
COLLECTION DE M. HENRY-RENÉ D'ALLEMAGNE

au bord rabattu, et à une zone divisant la panse dans sa hauteur. Ce sont des lamelles d'argent incrustées dans le bronze et redessinées par l'émail noir déposé dans le creux.

Il eût été intéressant encore d'exposer à proximité le magnifique bassin de cuivre incrusté d'argent que possède M. D'Allemagne, et qui fut fait au quatorzième siècle pour Hugues de Lusignan, roi de Chypre et de Jérusalem.

Dans ces ouvrages, malheureusement aujourd'hui dépouillés en partie des

métaux précieux qui les ornaient, le cuivre n'était plus qu'un support pour le revêtement d'or et d'argent.

Dans nos œuvres françaises, l'artisan s'est toujours attaché à tirer le décor de
la matière même qu'il employait. Décor et construction n'étaient jamais séparés,
et c'est sûrement à ce goût pour une ornementation rationnelle utilisant les ressources de chaque matière, que les œuvres françaises doivent ces qualités de sin-

MOBILIER D'ÉGLISE DU XVᵉ SIÈCLE
COLLECTION DE M. L'ABBÉ GOUNELLE

cérité qui leur ont donné une place à part dans les œuvres artistiques des différentes
époques.

Voyez dans les collections de M. D'Allemagne et de M. l'abbé Gounelle les vases
de cuivre de différentes formes servant à verser l'eau, préalablement bouillie, les
uns montés sur trois pieds dont l'extrémité, élargie pour former support, est en
même temps motif d'ornement, les autres à panse arrondie, sans pieds, enrichis
de becs en forme d'anse continuant la tradition des anses de bassins antiques,
terminées par une tête d'animal.

Tout est parfaitement logique et approprié à l'usage, tandis que le décor, très peu développé, ne fait qu'accentuer la forme usuelle en rendant sensible la destination de chaque partie de l'objet.

Deux petits seaux, ou vases à anses en bronze empruntés à la collection de M. l'abbé Gonnelle sont particulièrement élégants de formes, et les fines moulures qui dessinent et accusent l'élargissement ou le rétrécissement du pied, de la panse ou du col, caractérisent l'emploi du métal.

M. l'abbé Gonnelle a recueilli principalement dans sa collection des objets provenant du mobilier des églises, burettes, réchauds, encensoirs, plateaux, fontaines, etc., et chacun d'eux témoigne de l'habileté et du sentiment artistique d'artisans dont le goût naturel était surtout guidé par la nécessité d'approprier chaque objet à son usage.

Les mortiers de bronze dont on se servait pour la cuisine ou la pharmacie ne

MORTIERS DES XV° ET XVI° SIÈCLES
COLLECTION DE M. HENRY-RENÉ D'ALLEMAGNE

sont pas moins curieux à étudier. Leurs formes tronconiques, leurs bords évasés, leur épaisseur, leurs anses, tout est calculé pour utiliser au mieux ces ustensiles destinés au broyage et à la réduction en poudre d'aliments ou de remèdes, et leur décor à faible relief, assimilable à celui des cloches, est caractéristique.

Tantôt, dans les mortiers les plus anciens, ce sont des filets saillants entre lesquels se poursuivent des ornements très fins, généralement empruntés à la flore de notre pays ; tantôt, comme on le voit sur un mortier de la collection Paul

Garnier, les ornements linéaires se développent sur toute la surface dessinant des arcatures dans lesquelles s'encadrent des armoiries que complètent des inscriptions, et une date (1460).

Quelques-uns des mortiers appartenant à M. D'Allemagne et datant du seizième siècle sont enrichis suivant le goût de l'époque par des figures et des arabesques. C'est aussi le décor de deux charmantes sonnettes appartenant à M. Garnier et dont l'une est datée.

L'alliage du bronze employé pour les mortiers est assimilable à celui qu'on employait pour les cloches et contient une notable proportion d'étain (environ 25 p. 100).

L'usage du cuivre martelé pour les vases, pour les fontaines, a été maintenu par la tradition en Normandie, en Bretagne, en Auvergne et surtout dans les Flandres. C'est sans doute parce que ces objets étaient fabriqués en grand

AQUAMANILE DU XIVe SIÈCLE
COLLECTION DE M. HENRY-RENÉ D'ALLEMAGNE

nombre, près de Dinant, qu'on a désigné par le mot « dinanderie » ces ouvrages en cuivre, dont quelques-uns atteignent à la perfection artistique.

Les formes étaient d'ailleurs d'une variété et d'une fantaisie extraordinaires. Ainsi la collection D'Allemagne renferme un « aquamanile » en forme d'éléphant, dont la trompe sert à verser l'eau et dont la queue retroussée forme l'anse, tandis que les pattes font les quatre pieds de l'objet.

Les applications du cuivre et du bronze aux objets mobiliers sont extrêmement nombreuses, mais leur étude nous entraînerait en dehors du cadre un peu limité du Musée rétrospectif de la Classe 65. Il est cependant intéressant de rappeler que les applications du cuivre et du bronze aux appareils d'éclairage sont parmi les plus anciennes et que, jusqu'à une époque très récente, les appareils faits pour utiliser des sources de lumière qui n'avaient point changé depuis l'antiquité, l'huile, la cire, le suif ou la résine, avaient conservé certaines formes traditionnelles, modifiées seulement par les changements de styles.

Ainsi les lampes de cuivre ou de bronze qu'on fabriquait encore en Bretagne il y a un demi-siècle conservaient la forme antique de la lampe à godet, au bec allongé pour recevoir la mèche. De très bonne heure on avait eu l'idée de grouper ces lampes autour d'un réservoir circulaire. C'est l'origine des couronnes de lumière dont la forme se modifia nécessairement lorsqu'on groupa au moyen âge des chandelles de cire sur un cercle de métal, que ces chandelles fussent fichées sur une pointe ou plus tard engagées dans une douille.

Les mêmes combinaisons se retrouvent à toutes les époques, parce qu'elles répondent à des nécessités d'usage et qu'elles sont indépendantes des styles. Par exemple, le pied d'un flambeau portatif doit être assez large pour en assurer la stabilité. Le fût ne peut comporter d'ornements très saillants qui risqueraient de blesser la main, mais il peut admettre des bagues empêchant le glissement des doigts. Sa qualité essentielle est d'être maniable.

D'ailleurs la forme des appareils est très différente suivant qu'ils sont suspendus au plafond ou appliqués à la muraille, qu'ils comprennent une ou plusieurs lumières, qu'ils reposent sur une table ou sur le sol, et, sans entrer dans l'examen de ces appareils de cuivre ou de bronze, on peut dire qu'à chaque époque correspondent dans notre pays des œuvres dont le grand mérite est d'accuser par la forme et le décor l'usage auquel elles étaient destinées.

Les deux procédés de la fonte pour le bronze et du martelage pour le cuivre ont été usités en France du seizième au dix-neuvième siècle, mais il semble que l'orfèvrerie religieuse ait conservé l'usage du cuivre martelé tandis que pour la statuaire on préférait en France, comme en Italie, le bronze fondu ne laissant aucune part à l'interprétation de l'artisan.

A une époque qu'il est difficile de déterminer, on chercha à substituer à la fonte à cire perdue la fonte à pièces qui exigeait nécessairement le montage, au moyen de goupilles ou de clavettes, des pièces fondues isolément et raccordées suivant des coupes habilement ménagées.

Dans la fonte à cire perdue le modèle sert à l'établissement d'un moule à bon creux dans lequel est prise une empreinte en sable, « tirée » ensuite d'épaisseur par un grattage pour former le noyau qui, replacé dans le moule à bon creux, servira à couler la cire entre le noyau et le moule ; c'est cette épreuve en cire que l'artiste répare et sur laquelle, à l'aide de précautions infinies, s'exécute par couches successives l'enveloppe de terre qui, après dessiccation, sera portée au four en vue de l'élimination à chaud de la cire dont le bronze coulé prendra la place d'un seul coup.

Il n'y a donc dans ce cas aucune couture, aucune réparation à faire et, si l'opération a été bien conduite, le bronze donne exactement toutes les délicatesses du modèle en cire réparé par l'artiste.

Dans la fonte à pièces, ce sont les pièces battues en terre sur le modèle qui constituent le creux du moule dans lequel on pose sur des supports le noyau réservant entre lui et le moule l'espace vide dans lequel, par des « tranches » bien disposées, s'introduira le métal fondu, mais les pièces battues du moule ne peuvent être ajustées avec assez de précision pour éviter des coutures qu'un « riflage » fait disparaître.

La méthode est plus simple mais donne évidemment des résultats moins parfaits. Elle exige presque toujours un travail de ciselure destiné à donner quelques accents à la pièce fondue partout où le métal aurait arrondi des arêtes ou n'aurait pas donné absolument les finesses cherchées.

Ces procédés furent appliqués surtout vers la fin du dix-septième siècle pour les décorations fastueuses des résidences royales, pour ces trophées de métal qu'on appliquait sur le marbre, et l'usage du bronze s'étendit bientôt à la quincaillerie, aux serrures, aux verrous, aux poignées d'espagnolettes, etc.

Lorsque le travail rationnel du bois cessa d'être en faveur, lorsque les meubles d'assemblage furent remplacés par les meubles plaqués, les applications du bronze au mobilier n'eurent pas seulement pour but d'enrichir par le métal le bord des tables, les rives des tiroirs, ou les contours des pieds. C'était un moyen de consolider des ouvrages de bois dont les formes compliquées et peu appropriées aux qualités d'une matière fibreuse nécessitaient des armatures métalliques.

D'ailleurs le bronze intervenait de plus en plus dans le décor des appartements. A Versailles, une des cheminées les plus élégantes a sa tablette soutenue par deux délicieuses figures de métal, Flore et Zéphyr.

Dans la cheminée d'un salon voisin sont des chenets en bronze presque contemporains portant l'un un cerf, l'autre un sanglier, sur un sol jonché de branches de chêne et de laurier, et la cheminée qu'on achevait en 1789 pour le boudoir de la Reine est enrichie d'appliques de bronze ciselé d'une admirable exécution. Cependant le travail du cuivre martelé était encore pratiqué avec perfection par les orfèvres. J'en citerai pour preuve un magnifique lutrin en cuivre martelé sorti de l'atelier parisien de J.-B. Leclair en 1780 et conservé dans l'église d'Evron (Mayenne).

Il porte encore la signature de l'artisan et mentionne son enseigne « Aux trois Chandeliers d'argent », rue de la Ferronnerie, à Paris.

Les applications du cuivre et du bronze peuvent être aujourd'hui aussi nombreuses et aussi intéressantes qu'elles le furent jamais, mais deux conditions essentielles sont à remplir : l'artisan doit connaître à fond la technique de son métier. Il doit en outre avoir reçu une éducation artistique suffisante pour être en état de créer une forme appropriée à la destination de l'objet. La vraie originalité résulte de cette appropriation, parce que l'évolution continuelle des idées et des mœurs entraîne nécessairement pour toutes les œuvres des changements de programmes dont la réalisation a pour conséquence le caractère de l'œuvre nouvelle.

Dessiner et construire, ce sont les deux termes inévitables de tout essai de composition artistique. Si l'œuvre n'y répond pas, si elle n'est ni dessinée ni construite, elle ne peut en aucune manière prétendre au titre d'œuvre d'art.

Lucien MAGNE.

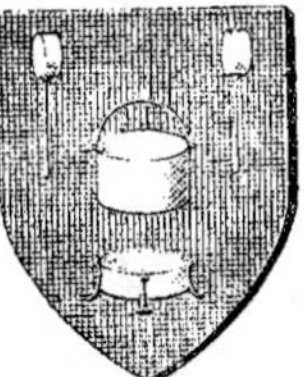

ARMES DE LA CORPORATION DES CHAUDRONNIERS
BATTEURS, DINANDIERS
DE SABLE À UN CHAUDRON D'OR, ACCOMPAGNÉ EN CHEF DE DEUX POÊLONS, DE MÊME
ET EN POINTE D'UN BICHAUD AUSSI D'OR, EMMANCHÉ DE SABLE

L'ÉTAIN

L'ÉTAIN

L'étain présente pour l'archéologue un double intérêt : d'une part, son emploi à l'état de bronze caractérise une époque de l'histoire de l'homme ; d'autre part, l'aspect d'un minerai qui ne rappelle aucune substance métallique, et ses gisements comparativement rares, supposent chez les premiers exploitants une civilisation dont on n'a guère d'autres preuves.

Les plus anciennes pièces en bronze figurant dans les collections et ayant une origine permettant de fixer la date de leur fabrication sont des statuettes égyptiennes de l'époque des Pyramides (3600 ans avant Jésus-Christ).

Les deux qualités qu'a l'étain de ressembler à l'argent et d'être un des métaux les plus sains l'ont fait employer très probablement dès les temps les plus reculés pour les objets de table et dans l'orfèvrerie. Nous disons très probablement, car cette hypothèse n'est basée que sur les textes assez vagues des auteurs les plus anciens et non sur des échantillons de ces lointaines époques.

Chez les Grecs, Homère, Aristote ; chez les Romains, Pline, Sénèque, Plaute, nous donnent des détails sur son emploi.

Le mot κασσίτερος, que l'on trouve dans les anciens écrits grecs, semble désigner l'étain. Mais cela est loin d'être certain, parce que primitivement le plomb était souvent confondu avec l'étain.

Les Romains désignaient aussi tout d'abord sous le même nom de *plumbum* ces deux métaux ; et ce n'est que dans Pline, au premier siècle de notre ère, que nous trouvons nettement établie la distinction entre le plomb, désigné sous le nom de *plumbum nigrum*, et l'étain appelé *plumbum album* ou *candidum*.

Plus tard, 300 ans après Jésus-Christ, la distinction est encore mieux établie et l'étain reçoit le nom de *stannum*.

Si l'on n'en rencontre pas d'échantillons parmi les antiquités grecques et romaines, c'est que ce métal, à l'état de pureté, résiste moins que le bronze et le plomb dont on trouve de nombreux spécimens, et que sa fusion et son emploi à l'état d'alliage en sont extrêmement faciles.

Nous avons de l'époque mérovingienne de nombreux objets incrustés d'étain.

Cette planche représente un laboratoire de Potier d'Étain, où quatre ouvriers sont occupés au *polage* de plusieurs pièces de vaisselle plate [1].

Le premier, n° 7, polit un moule avec une brosse ou pinceau de crin.

Le second, n° [illegible], polit des [illegible] plats à la [illegible].

Le troisième, n° [illegible], qui vient de *jeter* une écuelle, la détache de dessus le noyau.

Le quatrième, n° 23, qui vient de *jeter* un plat à la *selle à vis*, fait effort pour desserrer le moule, en [illegible].

art qui semble avoir été fort en honneur à cette époque et dont nous avions un spécimen dans le Musée rétrospectif sous forme d'une clef en bronze, découverte par M. Mahbaut dans une vigne, près de Savigny-les-Beaune (Côte-d'Or).

Il nous faut arriver jusqu'au septième siècle pour trouver des fragments d'armures, des miroirs, et plus ordinairement des ustensiles de cuisine en airain et en fer recouverts d'étain, établissant d'une manière certaine que la pratique de l'étamage était connue par nos ancêtres.

[1] [illegible] de la Presse d'Étain [illegible] M. S[illegible] par [illegible], Paris, MDCLXXXVIII.

L'étain était employé à cette époque pour les objets du culte, et il continua à l'être jusqu'au concile de Reims, sous Léon III (795-816), qui n'en autorisa l'emploi que dans les églises pauvres.

L'étamage semble avoir constitué, aux époques barbares de la première partie du Moyen Age, l'application la plus importante de l'étain. Les inventaires les plus anciens de cette période ne mentionnent pas d'objets de ce métal : il y a donc lieu de croire que, tout en restant en usage, l'orfèvrerie et la poterie d'étain avaient un commerce fort restreint.

On voit dans la vignette cinq ouvriers, dont deux au fourneau et trois à l'établi 1.

Le premier, n° 2, *épille* un plat.
Le second, n° 5, *apprête à l'écouenne*.
Le troisième, n° 6, *répare un plat ovale au grattoir sous bras*.
Le quatrième, n° 7, *répare des oreilles d'écuelles*; l'outil dont il se sert est un brunissoir à deux mains
Le cinquième enfin, n° 8, soude des réchands à l'eau.

M. Viollet-le-Duc a recueilli dans les fouilles de Pierrefonds des cuillers et des écuelles apparemment contemporaines des croisades. Il y a lieu d'ailleurs de remarquer qu'antérieurement au douzième siècle, sauf chez les moines, qui ont été les véritables pionniers de la civilisation durant tout le Moyen Age, les convives n'avaient point d'assiettes posées devant eux sur la table ; chacun avait sa cuiller et puisait à même le vase contenant les aliments. La constitution des moines de Cluny, qui remonte à peu près à cette époque, mentionne l'étain comme servant à la fabrication des ustensiles de cuisine. Au treizième siècle, cette fabrication se généralise au point qu'Etienne Boileau, dans son *Livre des Métiers*, nous signale six corporations en faisant usage : les potiers, les batteurs, les bimbelotiers, les cloutiers, les selliers et les chapeliers.

Peu de temps après Etienne Boileau, en 1304, les potiers demandèrent au

____

1. *Art du Potier d'Etain*, pl. III.

prévôt de Paris, Pierre Le Jumel, de rectifier leur règlement en plusieurs points.
Ce règlement, signé par dix-neuf maîtres, « la plus saine et grande partie du
métier », complétait les statuts d'Étienne Boileau, qui ne fixaient ni prix de maîtrise, ni nombre d'apprentis, ni durée de service d'apprentissage.

Figure 1. Ouvrier qui fait du *paillon*.
Figure 2. Ouvrier qui *paillonne* : il tient le plat B avec une tenaille au dessus d'un cagnard A, plein de
feu.
Figure 3. Ouvrier dans l'attitude la plus avantageuse pour *tourner* la vaisselle; il a à côté de lui un fer
de cuivre G, qu'il chauffe dans un petit fourneau ... et un homme de journée 7 tourne la roue D.

Au quatorzième siècle, l'industrie qui nous occupe prend un développement
de plus en plus considérable. L'emploi de l'étain comme ustensile de cuisine se
généralise au point que nous en trouvons l'usage chez les paysans et les ouvriers.
Chez les bourgeois aisés de cette époque, comme on en peut juger par la lecture
du « Ménagier de Paris » publié dans la seconde moitié du quatorzième siècle, la
vaisselle en étain, les mesures pour les liquides, les aiguières, les écuelles à
bouillon, les cimarres avaient un certain caractère artistique; on fabriquait même
des plats ornés dits « bastiches », servant exclusivement à l'ornementation des
dressoirs.

Chez les nobles, les métaux précieux : l'or et l'argent, étaient seuls en usage,
et l'emploi de l'étain était relégué aux cuisines.

On en trouve un exemple dans les cent quarante-deux écuelles d'étain signalées dans l'inventaire de la reine Clémence, femme de Louis le Hutin, ainsi que dans la nomenclature de la vaisselle qui servait à l'archevêque de Reims, au quatorzième siècle. La poterie d'étain fabriquée à Tours paraît avoir eu une grande renommée à cette époque ; c'est dans cette ville que Marie d'Anjou s'approvisionnait, en 1423, pour le service de sa maison.

Les spécimens de l'art du potier d'étain du quatorzième siècle sont plutôt rares : les échantillons les plus anciens qui figuraient au Musée rétrospectif remontaient au quinzième siècle. Nous voulons parler d'une cimarre et de burettes faisant partie de l'intéressante collection de M. l'abbé Gounelle.

La vignette montre cinq ouvriers occupés à plusieurs opérations particulières aux pièces de poteries [1].

Le premier, n° 2, *jette*, tenant le moule ferré entre ses genoux.

Le second, n° 3, *rcverche*, ayant devant lui, sur un établi, le carreau à la refaine C, le pain d'épillures D et le *torchefer* E.

Le troisième, n° 5, *soude* le haut au bas pour former le pot entier.

Le quatrième, n° 6, y fait une anse, de la manière que les ouvriers appellent *jeter sur la pièce*.

Le cinquième, n° 7, arrange de la terre à pot aux deux bouts d'une anse coulée à part pour la *souder à l'étossure*.

La fabrication des cimarres ou cimaises destinées à offrir le vin d'honneur semble avoir été, à cette époque, une importante application de l'étain si l'on en juge par les nombreux modèles qui figurent dans nos musées.

La cimarre de M. l'abbé Gounelle présente une pureté de ligne, une correction de forme, une absence de décoration inutile qui sont caractéristiques de tous les objets usuels du Moyen Age.

Signalons aussi à cette époque, en dehors des applications ordinaires de l'étain, des quantités de médailles et plaquettes de ce métal ou méreaux, ne portant le

[1] Art du Potier d'Étain, [illegible].

plus souvent aucune légende, mais uniquement certaines figures leur donnant
l'aspect monétiforme, et de petits sujets en bas-reliefs représentant un objet sacré
qu'on portait en souvenir d'un pèlerinage.

À la fin du quinzième siècle apparaît le rôle de l'étain comme orfèvrerie de
luxe. Le goût de la forme et du beau était si général que les moules des pièces
d'orfèvrerie servaient également pour la fonte des vases d'étain, et les emplois
usuels prennent une telle importance que cette abondance même les rend moins
intéressants.

Pl. XXXI.

La vignette représente des ouvriers travaillant à graver ou ciseler l'étain :

Le premier grave des arabesques sur le fond d'un plat,
Le second grave au ciselet,
Le troisième ciselle un couvercle d'écuelle

Nous avions de cette époque, dans la collection de M. Ritleng, quelques plats
ornés dont les auteurs sont inconnus.

Le seizième siècle fut la belle époque des potiers d'étain ou estaymiers : les
goûts de luxe avaient développé chez eux aussi les procédés artistiques suivis
chez les orfèvres, et non seulement ils ciselaient la vaisselle qui sortait de leurs
mains, mais ils la doraient.

LISTE

DES MAÎTRES ET MARCHANDS
POTIERS D'ÉTAIN,

TAILLEURS D'ARMES SUR ÉTAIN,

De la Ville, Prévôté & Vicomté de Paris, suivant l'ordre de leur Réception.

ANNÉE 1773.

Messieurs les Jurés en Charge.

NICOLAS BOICERVOISE, rue de la Verrerie, au coin du Marché Saint-Jean, maître le 25 Mai . . . . . 1759. Juré en 1772

ALEXIS JEAN-BAPTISTE BOICERVOISE, aile du Pont-Marie, maître le 25 Mai . . . . 1769. Juré en 1772

PIERRE-MARTIN ANTÉAUME, Marché-Neuf, vis-à-vis le Corps-de-Garde, maître le 13 Février . . . . 1766. Juré en 1773

JACQUES NOIRAUX, rue S. Germain-l'Auxerrois, au coin de celle des Lavandières, maître le 11 Décembre . 1769. Juré en 1773

ANDRE-FRANÇOIS BOICERVOISE, Inspecteur-Contrôleur, en Charge en 1772

ANNÉE		Messieurs les Anciens	ANNÉE		Messieurs les Moyens	ANNÉE	Messieurs les Veuves des Anciens
Inspec. Contr.	Maît.		Reçus en Jurande	Priseurs Jurés		Maît.	

(Le corps du tableau, composé de listes nominatives de maîtres potiers d'étain — Messieurs les Anciens, Messieurs les Moyens, Messieurs les Jeunes, Messieurs les Veuves des Anciens, Mesdames les Veuves des Moyens & Jeunes, Messieurs les Officiers de la Communauté — est en grande partie illisible sur ce scan.)

CH. LA LAUMÔNIER, rue Quincampoix,
 Maître le 3 Janvier, Juré en 1723, Doyen en 1772.

Michel Sibille, sous les Piliers des Potiers d'Étain,
 maître le 1 Août, Juré en ... Inspecteur Contrôleur en ...

Jean Cardel, rue du Four, Faubg. St. Germain,
 maître le 15 Juin, Juré en ...

...

Messieurs les Jeunes.

LOUIS-GABRIEL CADRAN, à Montargis,
...

Messieurs les Officiers de la Communauté.

Mr DE LA BAUME, Avocat au Parlement, ...

Mr DES RUISSEAUX, Avocat au Parlement, ...

Mr DAMIEN, Avocat, rue Neuve Saint-Merri, ...

Mr ONGUET, Procureur au Parlement, ...

Mr DE BOIS-HEVALIER, ...

Mr CORNU, ...

Durant cette période, ils n'eurent pas de statuts et reprirent seulement en 1613 les Règlements calqués sur les anciennes Ordonnances et les arrêts intervenus.

Il y avait alors trois catégories d'ouvriers : les potiers ronds, faisant la poterie proprement dite ; les ouvriers de la forge, les plats et les jattes au marteau ; les menuisiers, les pièces assemblées en plusieurs parties.

Nous trouvons à la fin de ce siècle le nom d'un artiste incomparable, François Briot, l'auteur des admirables plat et aiguière, dits de la Tempérance et de la Charité.

Nous avions de ces chefs-d'œuvre deux magnifiques spécimens dans le Musée rétrospectif, appartenant à MM. Sigismond Bardac et Ritleng. L'aiguière est couverte d'arabesques d'une grande richesse ; la panse présente trois médaillons qui renferment les figures de la Foi, de l'Espérance et de la Charité ; l'anse est formée par une chimère renversée.

CHRIST BÉNISSANT, STATUETTE EN ÉTAIN
COLLECTION DU MUSÉE

Le bassin est décoré de médaillons séparés par des arabesques et des mascarons en relief. Le médaillon du milieu, celui qui soutient l'aiguière, représente la Tempérance ; autour, figurent les quatre Éléments avec leurs attributs ; sur la bordure, les Sciences avec leurs emblèmes ; puis, au revers du bassin, se trouve le portrait de l'auteur avec la légende *Sculpebat Franciscus Briot*.

Les renseignements qu'on possède sur ce grand artiste sont extrêmement vagues. Il y a tout lieu de croire que Briot n'a jamais été orfèvre, mais graveur en médailles, et qu'il a exécuté ces magnifiques pièces dans la seconde moitié du seizième siècle, très probablement pour le compte d'un fabricant, car, à côté de sa signature, on retrouve des poinçons qui semblent être les marques de ce marchand.

Quoi qu'il en soit, tous les plats en étain à sujets ont été moulés et aucun d'eux n'a subi de retouches. Les beaux ouvrages comme ceux de Briot ont été coulés dans des moules en métal ou en pierre gravés en intaille.

Après lui, l'orfèvrerie d'étain déclina rapidement en France, et cette industrie passa en Allemagne et en Suisse, où elle consista surtout à faire des reproductions des grands plats que nous avons cités.

Au dix-septième siècle, l'étain, comme on en pouvait juger par les nombreuses pièces qui figuraient dans les intéressantes collections de M. le Dr Allix, de MM. Mathiot et Cherrier, était alors aussi répandu que le sont aujourd'hui la faïence et la porcelaine.

La poterie d'étain comportait différents alliages : l'étain fin, l'étain d'antimoine, l'étain plané, l'étain commun, l'étain sonnant et la claire-étoffe.

Chaque maître était tenu d'avoir sa marque et son poinçon, dont l'empreinte était conservée au Châtelet ; mais, les potiers étant libres de mettre leur matière au titre qu'ils voulaient, on dut créer des offices d'essayeurs, contrôleurs et marqueurs, afin de remédier aux fraudes qui se commettaient.

Si actuellement cette industrie n'existe pour ainsi dire plus, il faut en rechercher la cause dans les décrets de Louis XIV, de 1688 et 1702, ordonnant la fonte de toute l'argenterie du royaume.

Il fallait naturellement remplacer l'argenterie par quelque chose, mais l'étain qui eût pu remplir ce rôle était alors relégué dans les cuisines, dans la classe moyenne et chez les pauvres.

Les grands seigneurs aimèrent mieux avoir recours à la céramique qui venait d'acquérir en Italie une vogue considérable, et commençait à avoir quelque renommée en France à Nevers et à Rouen. Ils prirent des faïences, et l'industrie céramique se développa rapidement, au grand détriment de celle du métal qui nous occupe.

Une fois adoptée et mise à la mode par les grands, la faïence, grâce à son bon marché et à ses qualités, se répandit dans le public, et, en cinquante ans, l'étain disparut complètement de nos usages.

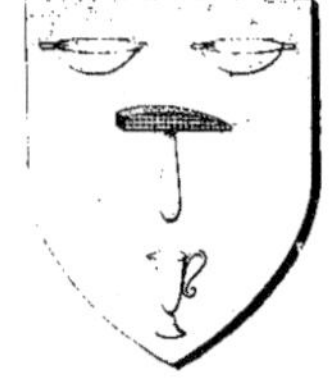

Un des derniers actes relatifs à la corporation des potiers d'étain est la déclaration royale de 1729, accordant aux potiers, en raison des applications nouvelles de l'étain, le droit de faire certains petits ouvrages comme les moules à chandelles en étain médiocre appelé « Claire Estoffe », tout en s'engageant à ne point empiéter sur le travail des miroitiers bimbelotiers.

La communauté perdait chaque jour en importance, et Savary, en la citant vers 1730, n'indique pas même le nombre de ses membres. Enfin, en 1776, elle se confond avec celle des chaudronniers et des faïenciers.

Sous l'Empire, nous voyons l'étain employé à la fabrication de quelques objets communs : flambeaux, lampes, etc., dissimulé le plus souvent sous une épaisse

(1) D'Hozier : Armorial, texte, t. XXV, p. 345. Bosrea, t. XXIII, p. 654.

couche de peinture laquée (collection de M. François Carnot), et il faut arriver jusqu'à la fin du dix-neuvième siècle pour retrouver en France des artistes sachant mettre en valeur ses qualités et son aspect artistique.

Quant à la poterie commune, son usage devient de plus en plus rare, et on ne la rencontre plus que dans les ménages des habitants de nos départements montagneux.

Elle est faite avec un alliage composé de 82 parties d'étain pur et 18 parties de plomb.

Ce dernier métal sert à donner à l'alliage plus de dureté, mais il est très malsain, et la loi a fixé elle-même les proportions que nous venons d'indiquer, et elle ne permet pas qu'elles soient dépassées.

La fraude est facile à reconnaître en pesant les objets en litige dans l'air et dans l'eau; la différence de poids ainsi obtenue donne exactement, à l'aide d'une table que le gouvernement a publiée en juin 1801, la quantité de chacun des métaux qui constituent l'alliage.

VASE EN PLOMB LOUIS XIV

INDUSTRIES DIVERSES

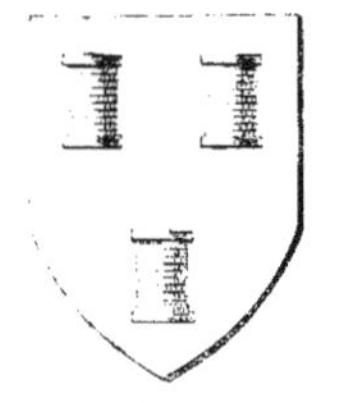

BATTEURS ET TIREURS D'OR

Les métaux qui jouissent d'une grande malléabilité, c'est-à-dire qui ont la propriété de s'étendre sous le marteau, en feuilles minces et légères, sont employés depuis fort longtemps pour revêtir d'autres corps, soit pour leur donner de l'éclat, soit pour en prolonger la durée.

ATELIER DE BATTEUR D'OR AU XVIII SIÈCLE 1

1. Ouvrier coulant l'or dans une lingotière.
2. Ouvrier battant l'or dans les moules et chaudrets.
3. Ouvrier retirant les feuilles d'or du chaudret pour les ranger.
4. Ouvriers passant au laminoir un lingot d'or.

Les Romains, après la ruine de Carthage, et pendant la censure de Lucius

1. [illegible], L. XXX, [illegible]; Pline, L. XXXII, [illegible], 383.
2. [illegible], L. XXX, [illegible]; Pline, L. XXXII, [illegible].
3. [illegible] des planches sur les Sciences, les Arts libéraux et les Arts mécaniques [illegible]. Paris, MDCCLXIII.

Mummius, firent dorer les lambris du Capitole, et les riches particuliers ornaient de même les plafonds et les murs de leurs demeures.

Les lames d'or les plus épaisses étaient désignées sous le nom de *prænes-tinæ*, parce que c'était avec des feuilles de cette sorte qu'on avait doré la statue de la Fortune, à Preneste; les plus minces s'appelaient *questoriæ*. Toutes portaient le nom de *bractex*, en opposition avec l'*aurum solidum*, c'est-à-dire l'or massif qu'on employait en riches incrustations.

PL. I

ATELIER DE TIREUR D'OR AU XVIIIe SIÈCLE [1]

L'usage de ces différentes sortes de feuilles était très répandu, et les historiens racontent sans étonnement que pour un seul jour de fête offert à Tiridate, roi d'Arménie, Néron fit entièrement dorer le théâtre de Pompéi.

Les renseignements que nous avons sur l'industrie qui nous occupe antérieurement au treizième siècle, en France, sont extrêmement vagues.

Au treizième siècle, Étienne Boileau, dans son *Livre des Métiers*, donne les statuts qui la régissaient, et nous apprend qu'à cette époque vingt maîtres constituaient la communauté.

Les « orbatteurs » et les « batteurs d'or à filer », comme on les désignait alors,

[illegible footnote]

bien que se considérant comme « membres des orfèvres », ont toujours soutenu la spécialité de leur travail et lutté pour le maintien de leur communauté.

Au seizième siècle, leurs statuts reçurent quelques modifications ; la cour des Monnaies exerçait sur leur communauté sa juridiction comme sur toutes les communautés travaillant les métaux précieux.

Pl. III.

ATELIER A PRÉPARER LA GAVETTE AU DIX-SEPTIÈME SIÈCLE [1]

a, ouvrier qui tire la gavette ; *b*, ouvrière qui la dévide ; *c*, ouvrière qui l'aplatit pour en faire la laine ; *d*, moulin à aplatir.

Au dix-septième siècle, la communauté reconquiert son autonomie, mais ses membres sont peu nombreux, elle ne compte que vingt maîtres ; elle est très pauvre et chargée de dettes.

Au dix-huitième siècle, aucun texte de règlement ne signale les batteurs et tireurs d'or, et elle disparaît en 1749.

Les procédés de fabrication pour le battage de l'or et autres métaux précieux n'ont pas sensiblement varié depuis l'époque où nous en trouvons la description dans le *Guide des Marchands*, paru en 1766.

Quant au frétilage, l'or et l'argent sont titrés à la Monnaie et amenés par un passage à l'argue, machine spéciale d'étirage, au diamètre d'une plume d'oie.

—

1. Gravure extraite du *Recueil des planches sur les Sciences, les Arts libéraux et les Arts mécaniques.* Paris, MDCCLXXII.

18

Le tréfilage se continue ensuite dans les usines particulières, en cirant le métal pour faciliter son passage à la filière.

Les perfectionnements apportés aux bancs de tréfilage des fils d'acier, la perfection obtenue dans la fabrication des filières en agate ou en rubis, ont contribué dans la plus large mesure aux progrès réalisés dans les procédés d'étirage des métaux précieux.

LES SONNETTES

Pendant une chaude matinée du mois de mai 1900, l'auteur de ces lignes était en train d'installer les sonnettes dont il exposait la collection au palais de la métallurgie, lorsque passèrent deux promeneurs. Le plus gracieux des deux — c'était une jeune dame — eut cette réflexion :

— Faut-il être niais pour collectionner des sonnettes !

Sur quoi, le mari de riposter par un « Pour sûr ! » qui procédait évidemment d'une conviction profonde.

En réalité, je ne me suis senti ni irrité, ni affligé. Dans toute collection, il y a deux choses à considérer. La première : — c'est peut-être la moins importante — la nature de l'objet collectionné ; la seconde : la satisfaction intime qu'on éprouve à réunir les unes près des autres des variétés d'une même espèce, à les comparer, à noter les traits communs et les différences ; parfois même, par aventure, à dégager de ce rapprochement de curieux inconnus. Comprise de cette dernière manière,

Époque Gallo-Romaine.

toute collection est intéressante, quelle qu'en soit la nature, qu'il s'agisse de tableaux ou d'éteignoirs, de timbres-poste ou de sonnettes. Il faut seulement, pour en garantir tout le charme, avoir l'état d'esprit spécial ou, si l'on veut, l'âme collectionneuse. Quand on en est doué — affligé, diront ceux qui ne l'ont pas — on est profondément indifférent aux appréciations des « philistins ». On éprouve même pour ceux-ci comme un sentiment de pitié; car ce sont des êtres qui, volontairement, se privent d'une source inépuisable de jouissances, sans cesse renouvelées.

Oserai-je ajouter que la collection de sonnettes a un charme particulier, parce qu'elle est une évocation de choses mortes qui ne serviront désormais qu'à titre exceptionnel. Du jour où, sur les murs de nos appartements, est apparu le bouton mettant en action une sonnerie pneumatique ou électrique, la sonnette a été condamnée à disparaître.

Les utilitaires ne s'en plaindront pas. Quoi de plus absurde, au fond, qu'un instrument qui ne produit tout son effet que là où on n'a pas besoin de lui, et qui n'en produit qu'un très atténué là où se trouve celui dont on a besoin de réveiller l'attention? Passe encore quand il s'agit de cette exaspération de la sonnette qui appelle la cloche. Au volume de celle-ci, correspond une intensité de son qui ne rend pas problématique l'effet utile de son agitation; mais le minuscule « bibelot » placé sur la table, combien peu de chances il a que son appel soit entendu dans la salle reculée, où il a la prétention de réveiller le serviteur endormi.

Il y a donc de grandes chances pour que la sonnette devienne, à bref délai, un de ces objets archaïques, dont la rencontre imprévue stupéfie les enfants qui demanderont ce que cela peut bien être, et « à quoi cela peut bien servir? » C'était un motif de premier ordre pour, tandis qu'il en était encore temps — car aujour-

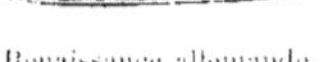

Renaissance allemande.

Espagne : xviiie siècle.

d'hui, il est déjà bien tard — essayer de réunir le plus grand nombre possible de spécimens dans lesquels s'affirme une note d'art, attestant, en même temps que le bon goût, la fertilité d'imagination de ceux qui nous ont précédés dans la succession des âges disparus.

Il se trouve, justement, que c'est là un des charmes de la collection du genre de celle-ci.

L'art s'y manifeste sous des formes diverses, souvent charmantes ou originales, quelquefois grotesques ou du plus parfait mauvais goût.

C'est tantôt la forme de l'objet, tantôt un détail de construction; parfois le choix de la matière employée, plus fréquemment les caprices de l'ornementation.

Puis aussi, il y a là des documents. Maint fabricant de sonnettes, par exemple, n'aura pas résisté à l'envie de donner à la sonnette la forme d'une femme debout. Et, dans ce cas, la toilette correspond assez généralement à l'époque de la fabrication : de sorte que l'histoire du costume peut trouver là d'utiles indications.

D'autres fois, on retrouve, ici, une indication des passions politiques de l'époque. Une sonnette peut être une caricature et cette caricature avoir un caractère agressif contre les puissants de l'époque. Telle la poire du bon roi Louis-Philippe qu'on verra plus loin. Le philosophe ne va-t-il pas rencontrer là matière à des réflexions peut-être profondes....?

Parmi les pièces de la collection que j'ai rassemblée, figure une clochette de dimension moyenne, découverte dans une église de Normandie, où les enfants de chœur manifestaient, paraît-il, une grande répugnance à en faire usage. C'est que le manche de cette clochette représente un squelette, finement sculpté d'ailleurs. Fantaisie macabre? Soit! Peut-être aussi symbolique rappel de ce son de cloche qui retentira un jour à l'oreille de chacun de nous, pour lui rappeler que l'heure est venue de quitter ce monde. Art et philosophie se trouvent ici mélangés; et cette alliance n'est assurément pas sans un certain ragoût, dont tout le monde, il est vrai, n'est pas à même de déguster la saveur.

Mais je touche encore là à une des jouissances intimes du collectionneur; se dire qu'il est des sensations qu'il est seul à connaître et que la majeure partie des humains n'éprouveront jamais.....

Beaucoup cependant de ceux qui prendront la peine d'examiner de près sonnettes, clochettes ou cloches, avec ce qu'on peut appeler leurs camarades les grelots, s'apercevront bien vite qu'ils ne perdent pas leur temps. Les artistes de la Renaissance, notamment, ont exécuté, en cet ordre de choses, des œuvres exquises.

Sonnettes bouddhiques

Sonnette italienne
du XVe siècle.

SONNETTES DE LA RENAISSANCE

Et l'archéologue dont je n'ai point parlé! Lui aussi trouvera dans l'étude d'une collection de ce genre plus d'un sujet de satisfaction. Je ne possède pas, hélas, et ne posséderai jamais de clochette authentique remontant à l'époque de Moïse — encore, si je le voulais fermement, trouverais-je à Paris plus d'un honnête marchand d'antiquités disposé à me l'offrir. — Il n'en est pas moins certain que les clochettes existaient en ce temps-là. Certain passage de l'*Exode* en fait foi. Encore ces clochettes-là sont-elles d'une modernité relative, puisqu'on en a trouvé d'autres dans des sépultures remontant à une antiquité si haute, qu'on les a qualifiées de « préhistoriques ». On serait surpris, si je n'ajoutais pas que, pour cela comme pour bien d'autres choses, les Chinois ont été en avance sur le reste du vieux monde. Dans le nouveau, à une époque où c'était un monde inconnu, il en existait aussi. Qui sait si on n'en découvrira pas quelque jour en Afrique centrale?

De tout temps, on a agité pratiquement ce que le poète, dans son langage imagé, appelle les grelots de Momus, seulement ce n'était généralement pas le dieu qui les faisait tinter: il paraît bien, au contraire, que ce fut dès l'origine un des moyens matériels d'hommage à la divinité. La cloche et sa fille, la clochette, sont pieuses au moins par destination. Pour un peu, si elles n'avaient pas paru aussi sur les tables, on les qualifierait de « cléricales », ne fût-ce que par opposition au bouton électrique, qui, lui, est essentiellement laïque.

L'accusation serait d'ailleurs imméritée.

On trouve la clochette à l'église, c'est certain; mais on la rencontre aussi aux portes et à l'intérieur des maisons. Suétone en porte témoignage, et aussi Lucien, parlant de la cloche qui force le paresseux à s'arracher aux douceurs du sommeil: l'usage en est encore maintenu de notre temps, encore qu'il soit bien probable que ne s'en félicitent nullement ceux qui en subissent la tyrannie. Il est vrai que la cloche appelle aussi à s'asseoir autour de la table où le repas est servi, et cela compense bien des méfaits. Faut-il d'ailleurs en vouloir à la cloche? Elle n'est que l'interprète de la volonté de celui qui l'agite. Dans une comédie de Plaute, un des personnages le dit tout net : « Ce n'est pas sans cause, par Pollux, qu'une sonnette se met à sonner : A moins qu'on ne la touche, qu'on ne l'agite, elle est muette, elle se tait. »

Que d'hommes feraient sagement, en ce cas, de prendre exemple sur les cloches!

Son appel ne laisse pas, d'ailleurs, que de toucher ceux auxquels il est adressé. Trouvez-en une preuve dans la piquante anecdote que conte Strabon. Un chanteur, soutenant sa voix par les accords de la harpe, se trouvait à Jassus en Carie. La foule l'entourait, lorsque, tout d'un coup, tous partirent, sauf un des auditeurs. C'est que la cloche venait de retentir pour annoncer l'ouverture du marché. Au

Beire-le-Chatel, dans le diocèse de Dijon, l'a écrit non seulement en savant qui a approfondi son sujet, mais aussi en artiste qui en savoure toutes les délicatesses. L'anecdote piquante n'est pas non plus dédaignée par lui, et c'est avec un sourire qu'on devine qu'il nous raconte que la sonnette pourrait bien avoir droit de cité au paradis.

Dans un *fabliau* dont le thème est bizarre, *la Court de Paradis*, nous voyons, en effet, saint Simon et saint Jude, aller chacun une « eschelette » ou son-nette à la main « par tous les chambres et dortoirs » du Paradis, convoquer, sur l'ordre de Dieu, tous les saints et saintes en cour plénière. L'authenticité du détail peut soulever quelque doute; mais, du moins, y voit-on la con-firmation indirecte d'un usage pratiqué dans ce bas monde.

La sonnette paraît même à la guerre.

Attaquée par Childebert, chef d'une puissante armée de Francs et de Bourguignons, Frédégonde ne peut op-poser à son ennemi que des troupes inférieures en

moins, se dit l'artiste, il y a ici un homme de goût, et, inconti-nent, il voulut le féliciter. « Que dites-vous donc? demanda l'autre. Je suis sourd. Est-ce que la clochette aurait déjà son-né? » Naïvement, le chanteur affirma d'un hochement de tête. Cela suffit, le sourd détala au plus vite, maudissant son infirmité, mais non parce qu'elle l'empêchait d'entendre les accords de la harpe.

On écrivait d'ailleurs des volumes sur les cloches, les clo-chettes, les grelots et les sonnettes, leurs usages divers et parfois leur signification symbolique. La meil-leure preuve qu'on en puisse donner, c'est que bien des études ont été écrites, encore que les curieux d'art, d'archéologie et d'his-toire soient à peu près seuls à les connaître. Cela se vend assurément moins qu'un roman de feu Montépin ou de Jules Mary. C'est inté-ressant tout de même, mais dans un genre dif-férent.

Parmi ces ouvrages, il faut signaler surtout l'étude sur l'emploi des clochettes depuis l'anti-quité la plus reculée jus-qu'à nos jours. M. l'ab-bé L. Morillot, curé de

nombre. Mais, un soir, elle fait mettre des sonnettes aux chevaux de ses guerriers; puis, la nuit venue, elle donne l'ordre de marcher sur le camp ennemi, après avoir fait prendre à chaque cavalier une grosse branche d'arbre vert. Quand on n'est plus qu'à une très courte distance, elle déploie ses troupes sur un très large front, et fait continuer la marche en avant.

Mais au point du jour, à ce moment où les objets un peu éloignés restent encore indécis et confus, voici qu'un soldat, sentinelle avancée de l'armée de Childebert, regarde dans cette direction, et, tout étonné de ce qu'il voit, interpelle ses camarades :

— Qu'y a-t-il là sur la hauteur? J'y vois comme un bois de taillis, et pourtant hier, là-bas, le pays était découvert.

ÉPOQUE DE LOUIS PHILIPPE

Les soldats se moquent de leur camarade. Il a dû tant boire la veille qu'il a oublié la forêt voisine, où il doit y avoir de si bons pâturages pour les chevaux.

— N'entends-tu pas les sonnettes des chevaux qui paissent sur la lisière des bois?

Pendant ce colloque, la forêt s'est rapprochée. A un signal donné, les branches tombent, l'armée de Frédégonde se découvre; celle de Childebert, surprise dans le sommeil, est en partie massacrée.

L'auteur de *Macbeth* connaissait-il cet épisode. Il ne parle pourtant pas de clochettes. Cette coutume de suspendre des clochettes au cou des animaux est d'ailleurs très ancienne. Le Code justinien y fait allusion en frappant de peines sévères ceux qui auront dérobé la sonnette d'un bœuf, d'une brebis ou de tout autre animal et aurait ainsi rendu possible sa perte. La loi des Visigoths, la loi salique, la loi gombette font également allusion à cette habitude. A la première scène de *Guillaume Tell*, dans laquelle figure un pâtre, Schiller n'oublie pas de remarquer qu'une bête du troupeau de celui-ci, la brune Lise, est fière du beau carillon qu'elle porte et se trouve en avant des autres vaches.

Du reste, dans les vallées des Alpes, les mêmes beaux carillons tintent encore. La vache qui porte la clochette est désignée sous le nom de la *sencillera*. C'est elle qui dirige la bande et ses compagnes se laissant volontiers conduire; ce qui indique bien la distance considérable qui, au moral, existe entre certains civilisés et le bétail.

Au Moyen Age, comme dans l'antiquité, on ne se contentait pas, d'ailleurs, de faire porter des clochettes aux bestiaux et aux chevaux de trait. On en attachait aux harnais des chevaux de guerre et de luxe, et ce, non point seulement à leur

Ivoire, XVIIe siècle. Vieux Chantilly. Varages.

col, mais aussi à leur selle on a quelque autre partie du harnachement.

La clochette n'est pas, d'ailleurs, réservée aux animaux. A partir du douzième siècle, la mode vient d'en agrémenter les habits de ville, on en attache aux manches du surcot, à la ceinture; on en compose même des colliers; les aumônières en portent. On en trouve encore aux écharpes portées en baudrier. C'est seulement à la fin du treizième siècle que cette mode tend à disparaître, mais, de nos jours, on en retrouve la trace chez différents peuples.

Aussi, la clochette se trouve-t-elle fréquemment figurée sur les vieux monuments. On la rencontre en maints chapiteaux de vieilles églises, et, par la même occasion, nous pouvons constater qu'elle était utilisée comme instrument de musique. N'avons-nous pas, du reste, les carillons pour en porter témoignage? Le Moyen Age se passionna même pour ces joyeux carillons. Les vieilles cités du Nord sont encore fières de ceux qu'elles ont pu conserver, et le Paris ultramoderne s'en est fait aménager un sur la place du Louvre.

La clochette a même été élevée en Italie à la dignité de *palladium*.

Pendant plusieurs siècles,

Sèvres ... Louis XIII.

Pâte tendre de Sèvres.

écrit M. l'abbé L. Morillot, les Italiens firent traîner au milieu de leurs armées un immense char, le *carroccio*, qu'on plaçait, dans les camps, près de la tente du généralissime. Au milieu, une espèce d'antenne ou de mât portait l'étendard de celui-ci; en avant était une plate-forme pour les défenseurs du char, en arrière, une autre pour les soldats qui devaient sonner la charge, et près de ceux-ci, dans une espèce de campanile, on voyait suspendu un gros *tintinnabulum*. Matin et soir, on le sonnait pour inviter les troupes à prier Dieu et sa sainte Mère. Il servait, en outre, à donner le signal du combat. C'est autour du *carroccio*

Faïence 1ᵉʳ Empire.

que la mêlée se faisait la plus forte et le combat le plus acharné. C'eût été une honte de laisser prendre par l'ennemi ce char, qui portait l'étendard de l'armée. En 1260, à la bataille de Monte-Aperto, sur les rives de l'Arbia, où les Florentins, aidés par trente-trois mille Guelfes, furent complètement battus par les Gibelins de Sienne, c'est près du *carroccio* que les survivants de l'armée vaincue vinrent se rallier, et se firent, pour la plupart, égorger en le défendant.

L'idée que j'eus un jour d'entreprendre une collection de sonnettes a entraîné des conséquences de natures diverses, qu'on me permettra de signaler.

D'abord, elle a suscité des imitateurs.

De cela, je ne tire aucune vanité. C'était inévitable, et le fait se fût produit avec n'importe qui. Il est devenu très difficile de trouver de nouveaux sujets de collection. Lorsqu'on en a découvert un, l'attention d'autrui se trouve éveillée sur un sujet auquel jusqu'alors elle ne songeait guère. Pourquoi lui et non pas moi? C'est une réflexion qui germe très naturellement dans l'esprit.

Il ne faut pas voir là uniquement une manifestation de cette *loi de l'imitation*, dont parle M. Tarde, qui pousse les humains à imiter ce que fait l'un d'eux. Il y a un peu de cela; il y a aussi l'ouverture d'horizons insoupçonnés; et aussi, chez quelques-uns, l'éveil d'un esprit de mercantilisme. Le collectionneur désintéressé est légion mais; il y en a aussi d'autres qui savent fort

Sonnette en verre 1ᵉʳ Empire.

bien que la valeur intrinsèque d'une collection croît

dans une proportion beaucoup plus rapide que le nombre de ses unités.

J'ai donc eu, j'aurai encore certainement plus d'un imitateur. J'oserai même penser qu'ils éprouveraient à former leur collection des difficultés beaucoup moins considérables que celles auxquelles je me suis heurté tout d'abord, sauf, il est vrai, à tout de même obtenir de moins satisfaisants résultats.

Il y a trente ans, on pouvait certainement trouver des spécimens intéressants. La preuve, c'est que j'y ai réussi. Mais enfin, il fallait les chercher et les découvrir. Aujourd'hui, ils viennent s'offrir, et en nombre bien plus grand qu'on ne pourrait le croire tout d'abord.

Est-ce donc que des réserves, insoupçonnées jusqu'alors, se sont tout à coup révélées? Est-ce donc que, sous la poussière des ans qui les enveloppait de son manteau, on ait retrouvé nombre de vieilles sonnettes, cloches ou clochettes oubliées?

Il serait un peu aventureux de répondre affirmativement.

Lorsqu'on s'est aperçu que les sonnettes, les cloches et les clochettes étaient promues au rang d'objets de collection, qu'ils étaient assez rares, et que le nombre des amateurs tendait à s'accroître, le commerce des antiquités a éprouvé une de ces poussées de sollicitude auxquelles, en pareil cas, il est presque sans exemple qu'il ait résisté. Il n'est pas plus malaisé, après tout, de fabriquer de vieilles sonnettes que de vieux meubles, et c'est plus aisé que d'improviser de vieux tableaux.

On s'est donc mis à l'œuvre et, bien vite, on a pu constater que le nombre des spécimens laissés par nos aïeux était bien plus considérable qu'on ne le croyait. On avait beau en acheter, on en retrouvait toujours. Il n'y a guère de marchands d'antiquités qui n'en aient plusieurs en magasin.

De ces pièces, je ne veux point dire du mal. Certaines sont d'exécution remarquable. Rien ne leur fait défaut, sauf l'authenticité.

Je n'aurais pas non plus la sotte vanité de soutenir que je n'ai jamais été trompé : que ceux qui n'ont jamais cru aux millions de Mᵐᵉ Humbert me jettent la première pierre. Toutefois, l'avance d'expérience que je possédais m'a permis d'éventer la plupart des pièges qu'on m'a tendus et qu'on me tend encore de temps à autre. Il se peut que quelques-uns de mes confrères en collection aient été moins heureux. Il ne me convient pas de discuter à ce sujet. Je prends seulement la liberté

de conseiller à ceux qui se plaisent à entrer dans la même voie que moi d'examiner de très près ce qu'on leur offrira. On m'assure, en effet, et j'ai tout lieu de croire le renseignement exact, qu'il y a beaucoup de spécimens en réserve, la fabrication — italienne surtout — s'étant trouvée dépasser largement la demande, et la prudence commandant au commerce d'avoir toujours des stocks en réserve.

Quoi qu'il en soit, c'est là le second résultat que j'ai obtenu : ouvrir à la fraude, en matière d'objets d'art, un débouché nouveau et, m'assure-t-on, assez fructueux. Je ne demande pas qu'on m'en félicite, mais ce n'est vraiment pas ma faute.

Une compensation m'était due à cet égard. Elle ne m'a pas fait défaut. De ce troisième résultat, j'avoue que je suis un peu fier.

Quelques-uns des spécimens signalés dans les ouvrages spéciaux et un assez grand nombre de ceux que j'ai le bonheur de posséder sont d'un caractère artistique indéniable. Il faut avoir examiné de près certains de ces objets pour se rendre compte de la quantité d'art qui peut se trouver renfermé dans une œuvre minuscule, et pour comprendre combien l'art relève et ennoblit tout ce qu'il effleure de son aile. L'époque de la Renaissance a notamment tracé dans l'histoire artistique un sillon inoubliable où la récolte a germé avec une luxuriance propre à provoquer un véritable ravissement.

Ces remarques, je n'ai pas été seul à les formuler. Bien des artistes les ont faites avec moi, et quelques-uns ont été plus loin, jusque sur ce terrain où il m'était malheureusement impossible de les suivre. Il se sont dit que, comme leurs ancêtres de la Renaissance, ils pouvaient trouver dans cette voie une occasion de déployer leur talent, servi par un goût délicat. Cette fois, ce n'est plus d'imitation, de contrefaçon, mais de création qu'il s'agit. On commence à rencontrer un certain nombre de clochettes ultra-modernes qui sont une preuve nouvelle de la persistance du sens artistique dans l'esprit de la nation française.

L'effort est d'autant plus méritoire qu'il ne peut plus correspondre à une idée d'utilisation pratique. Dans les pays civilisés, l'usage de la sonnette tend naturellement à se restreindre de plus en plus. Dans un siècle, avant même peut-être, on ne la connaîtra plus guère. Elle ne se survivra que par le caractère artistique qu'on lui aura donné et qui lui assurera désormais une place dans les galeries des musées et les cabinets

Sonnette par Louis Pieck

des amateurs d'art. Les artistes du dix-neuvième et du vingtième siècle y figureront sans désavantage, à côté de leurs prédécesseurs de la Renaissance et du Moyen Age.

Cela est une preuve de plus qu'il ne faut médire ni des collectionneurs, ni des collections. Je n'irai pas jusqu'à prétendre que, dans la passion des premiers, on ne trouve pas trace d'un certain égoïsme. C'est, avant tout, pour soi qu'on collectionne. Mais il arrive aussi que ce soit pour les autres, et que l'on contribue à ouvrir des horizons, à susciter des initiatives, à provoquer l'éclosion d'œuvres nouvelles.

N'obtint-on qu'une seule fois ce résultat, que ce serait la justification d'une passion qui ne fait, après tout, de tort à personne, et qui peut parfois, comme on vient de le voir, rendre quelques menus services à la cause de l'art.

Jules DOMERGUE.

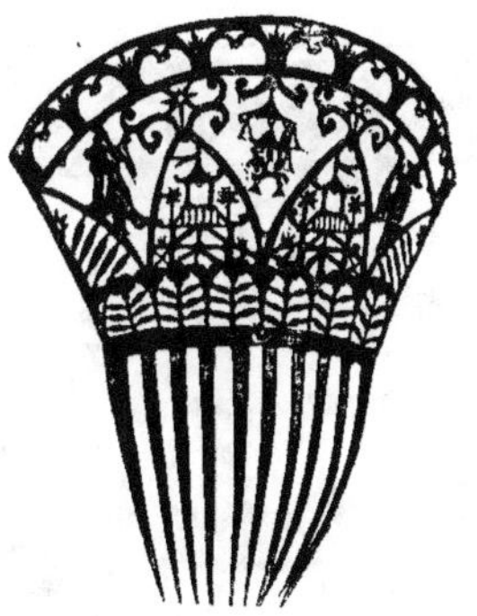

Peigne du xviiᵉ siècle orné de clochettes.

Fabrication du moule.

Opération de la coulée.

1. Gravures extraites de la Recueil des planches sur les Sciences, les Arts libéraux et les Arts mécaniques. Paris, MDCCLXXII.

TABLE DES PLANCHES HORS TEXTE

TABLE DES MATIÈRES

SAINT-CLOUD. — IMPRIMERIE BELIN FRÈRES.